Marc Klejbor

Rituale der Wertschätzung

37 Erfolgswege, um die Herzen Ihrer Mitarbeiter zu erobern

Marc Klejbor

Rituale der Wert-schätzung

37 Erfolgswege, um die Herzen Ihrer Mitarbeiter zu erobern.

MARC KLEJBOR
ERFOLGSIMPULSE

Inhaltsverzeichnis

Vorwort · · · 8

1. Die Grundlagen: Warum Rituale so wertvoll für uns sind · · · 11

Fünf große Vorteile – und ein Nachteil, der keiner bleiben muss · · · 13

Dieser einzige Nachteil ist zugleich eine große Chance · · · 17

Erfolgsimpuls: Energie durch Pause · · · 18

1. Vorteil: Rituale sind hochwillkommene Wiederholungen · · · 20

2. Vorteil: Rituale helfen Zeit und Geld sparen · · · 20

Erfolgsimpuls: Fehler machen? Kein Problem · · · 22

3. Vorteil: Rituale sind die beste Markenwerbung · · · 26

4. Vorteil: Rituale sind bestens kalkulierbar · · · 29

5. Vorteil: Rituale stärken die kontinuierliche Verbesserung · · · 31

Erfolgsimpuls: Planen, anpassen, verschriftlichen! · · · 35

Die richtige Stimmung für den Erfolg schaffen · · · 36

Schenken Sie Aufmerksamkeit · · · 37

Auf die Kraft der Emotion setzen · · · 38

Drei Mittel, um begeisternd zu kommunizieren · · · 41

Leidenschaft statt Geld investieren · · · 42

2. Die Praxis: Wie Sie Ihr Team begeistern und motivieren · · · 47

Rituale der Wertschätzung fürs ganze Jahr · · · 49

Das Jahreszielgespräch · · · 50

Erfolgsimpuls: Jahreszielgespräche · · · 56

Das Halbjahreszielgespräch · · · 59

Das schriftliche Lob · · · 60

Die Fehlerfreudigkeit · · · 62

Die Visitenkarte · · · 66

Das Geburtstagsgeschenk · · · 68

Die Erster-Arbeitstag-Wundertüte 70
Die Partner-Analyse 72
Das Quartals-Meeting 74
Die Crew-News 76
Das Ideenblatt 78
Erfolgsimpuls: Ideenprozess *84*

Rituale der Wertschätzung für jeden Kalendermonat 86
Die Jahresauftaktfeier 88
Das Jahresmotto 92
Der Neujahrsglückwunsch 94
Die Erster-Schnee-Party 95
Der Valentinstagsgruß 96
Der kleine Jeckenschmaus 97
Die Mitarbeiter-Wintertour 98
Der erste Frühlingsgruß 99
Das gemeinsame Fasten 100
Das Osterhasi-Happening 101
Der verrückte Aprilscherz 102
Die Frühlingsmüsli-Aktion 103
Der Mama- und Papanachmittag 104
Die Mitarbeitertour nach Mallorca 106
Der sonnige Blumengruß 116
Der grillende Chef 117
Das Urlaubsrückkehr-Gespräch 118
Der Pflaumenkuchen-Effekt 119
Die Oktoberfest-Gaudi 120
Das herbstliche Grünkohlessen 122
Der Sankt-Martins-Umzug 123
Die eiskalte Glühweintour 124
Der Unternehmens-Adventskalender 125
Die Weihnachtsmaus 126
Das große Nikolaus-Wichteln 127
Die wunderbare Glücks-Linsensuppe 128

Meine Empfehlungen für Ihre Rituale 129

3. Der eigene Weg: Wie Sie Motivation finden, jeden Tag aufs Neue 131

Wer motiviert eigentlich den Chef? **132**
Staunen über die Shaolin 134
Und es hat Gong gemacht 135

Ihre Motivation als Chef ist Ihr wichtigstes Kapital **138**
Erfolgsimpuls: TIG, TAG, TOG *142*

Nicht nur Geld motiviert, aber auch **144**
Im Team macht Leistung mehr Spaß 145
Wahrer Teamgeist ist (fast) unbezahlbar 145

Keine Angst vor der Überdosis **148**
1. Die Macht der Gewohnheit 148
2. Ihr persönliches Motivationspotenzial 149

Die Frage aller Fragen: Wer bin ich? **150**

Erfolgsimpuls: Partner und Familie *153*

Sie müssen gar nichts, Sie dürfen **154**
Erfolgsimpuls: Dürfen statt müssen *156*

Zuallerletzt: Die Pralinen-Methode **157**
Erfolgsimpuls: Umsetzen! *158*

4. Unsere Vorlagen 159

Downloadcode 159
Jahreszielgespräch 160
Halbjahreszielgespräch 166
Partner-Analyse 172
Ideenblatt 182
Rituale im Jahr 184
Wegtragliste 186

Über den Autor 187
Über MK Erfolgsimpulse 187
Über das SchmidtColleg 187
Wir sagen „DANKE“ 188

„Es zählt nicht nur,
was du weißt und was du kannst,
sondern vor allem,
was du umsetzt.“

Marc Klejbor

Vorwort

Liebe Unternehmerin, lieber Unternehmer, liebe Führungskraft,

warum Sie noch heute beginnen sollten, mit unseren Ritualen der Wertschätzung Ihre Mitarbeiter, Ihr Team und Ihr Unternehmen zu führen?

- *Weil Ihnen die Motivation Ihrer Mitarbeiter wichtig ist.*
- *Weil Sie nicht nur den Kopf und das Portemonnaie Ihrer Mitarbeiter erreichen wollen, sondern auch deren Herz und Seele.*
- *Weil Sie eine Motivationsbasis erschaffen möchten, die von Jahr zu Jahr kontinuierlich wächst.*

Die Rituale in diesem Buch sind seit Jahren Teil der Unternehmenskultur von unserer *„Klejbor's Entertainment Factory"*, die meine Frau Sabine und ich 1998 gegründet haben. Als erste Diskothek weltweit wurden wir 2008 nach DIN ISO 9001 zertifiziert. 2010 erhielten wir den Ludwig-Erhard-Preis als *„Bestes mittelständisches Unternehmen in Deutschland"*. Ein Jahr später konnten wir den zweimillionsten Gast begrüßen. Wir sind ein Team aus rund 140 Mitarbeitern, unser Jahresumsatz liegt bei ca. 3 Mio. Euro. **Unser Erfolgsgeheimnis?** Ich denke, Sie können es schon erraten.

In die Zukunft kann ich zwar nicht blicken, doch ich sage Ihnen aus meiner Erfahrung vorher, was diese Rituale der Wertschätzung für Sie bewegen werden:

1. Ein echter Gewinn für Sie als Chef

Sie steigern die Umsätze, unter Beibehaltung der Kosten. Ich kann es Ihnen nicht garantieren, weil allein Sie für die Umsetzung verantwortlich sind, aber mindestens fünf Prozent höhere Erlöse sind möglich. Rechnen Sie sich das bitte mal kurz auf ein Geschäftsjahr bezogen aus. Diese Erlössteigerung ist nach Abzug der Steuer quasi ein zusätzlicher Gewinn.

2. Ein erfüllender Job für Ihre Mitarbeiter

Ihre Mitarbeiter fühlen sich beachtet, erfreuen sich an der Wertschätzung ihrer Leistung und entwickeln Stolz auf ihre Arbeit und Selbstvertrauen in ihre Fähigkeiten. Dadurch sinkt die Angst, etwas falsch zu machen. Sie blühen auf und bringen Schritt für Schritt ihr volles persönliches Potenzial in die Zusammenarbeit ein.

3. Ein begeisterndes Erlebnis für Ihre Kunden

Ihre Kunden lassen sich von der positiven Energie und der Freude Ihrer Mitarbeiter anstecken. Wie man so schön sagt: Begeisterte Mitarbeiter sorgen für begeisterte Kunden. Diese kaufen häufiger bei Ihnen und berichten Freunden, Bekannten und Kollegen von ihren Erlebnissen – beste Werbung also, die Ihnen viele Neukunden bringen kann.

4. Ein starker Imageschub für Ihr Unternehmen

Mit den Ritualen der Wertschätzung können Sie unzählige glückliche Momente erschaffen. Dadurch nimmt die Öffentlichkeit Ihr Unternehmen plötzlich anders wahr. Ihr Ansehen und Ihr Image steigen, weil Sie den Fokus erweitert haben: Sie leisten Wertvolles für die Gemeinschaft, über die Grenzen Ihres Unternehmens hinaus.

5. Ein beruhigendes Gefühl für Ihre Bankpartner

Banker sind sensitive Wesen. Sie erfühlen blitzschnell das Klima in einem Unternehmen. Angesichts der neuen positiven Energien in Ihrem Unternehmen werden Ihre Hausbanken angenehm überrascht sein. Durch die Gespräche mit Ihnen und vor allem durch den erfreulichen Kontaktaustausch mit Ihren Mitarbeitern. Das schafft eine Menge Vertrauen und beflügelt so manche Entscheidung.

6. Eine erfolgreiche Umsetzung für Ihre Praxis

Dies ist ein Buch aus der Praxis geschrieben für die Praxis. Es erwarten Sie keine trockenen Theorien, sondern viele lebendige Erfolgsimpulse für eine nachhaltige Mitarbeitermotivation in Ihrem Team und Ihrem Unternehmen. Besonders wichtig: Alle Impulse können Sie selber umsetzen. Die beiliegenden Praxiskarten helfen Ihnen dabei. Für jedes Ritual gibt es eine Karte, mit der Sie die Umsetzung organisieren können.

Meine Frau Sabine und ich lieben es, die Rituale der Wertschätzung umzusetzen. Diese Begeisterung möchten wir mit Ihnen teilen. Ihr Umsetzungserfolg liegt uns am Herzen. Lassen Sie sich inspirieren und nutzen Sie die Erfolgsimpulse in Ihrer täglichen Arbeit.

Betrachten Sie dieses Buch als Arbeitsbuch: Schreiben Sie Notizen an den Rand, streichen Sie Wichtiges und Merkwürdiges an, kopieren Sie sich Anregungen heraus und zeigen Sie sie Ihren Mitarbeitern oder Kollegen.

„Millionen glücklicher Momente“ lautet unsere Unternehmensvision. Wir wünschen Ihnen viele, viele Glücksmomente bei Ihrer Umsetzung und Ihren Erfolgen.

Sabine Klejbor Marc Klejbor

Langerwehe, im Februar 2014

1. Die Grundlagen:

Warum Rituale so wertvoll für uns sind

Lesezeit für diese Kapitel: ca. 45 Minuten

Gibt man das Wort Motivation bei Google ein, erhält man rund 136 Millionen Treffer. Wenn so viel über Motivation bekannt ist, müssten doch alle Menschen freudig und glücklich ihre Aufgaben erledigen, sollte man meinen. Als Kunde müsste ich überall auf hoch motivierte Verkäufer treffen. Ich würde so gut beraten werden, dass ich nicht nur die Dinge kaufe, die ich gerade suche, sondern auch weitere Produkte, die ich zuvor noch gar nicht gekannt habe. Mein jeweiliger Verkaufsberater hätte ja deutlich mehr Erfahrung mit der Branche und dem Produkt als ich. Ihm könnte ich vertrauen. Die Welt sieht aber anders aus.

Die Menschen sind überfordert. Sie verspüren nicht jeden Tag unbändige Lust, über ihre Möglichkeiten hinauszuwachsen. Sie arbeiten nicht mit Freude und Begeisterung als Verkäufer, Sachbearbeiter oder Manager. Sie tun einfach ihren Job. Ich finde das sehr schade, denn wir verbringen rund ein Drittel unserer Lebenszeit mit Arbeiten.

Aus diesem starken Widerspruch – 136 Millionen Treffer auf Google zum Thema Motivation auf der einen Seite und der relativ motivationsarme Arbeitsalltag von Millionen von Menschen auf der anderen Seite – leite ich zwei Feststellungen ab:

Erstens: Es gibt Wissensriesen und Handlungszwerge.

Zweitens: Theorie kostet Zeit.

Zum ersten Punkt: Wir Unternehmer können es uns nicht leisten, Wissensriesen und Handlungszwerge zu sein. Wir müssen handeln. Wir trauen uns, Gedanken in Wort und Tat umzusetzen. Alleine oder mit unseren Mitarbeitern. Dabei kann es passieren, dass wir häufig intuitiv und unbewusst Tätigkeiten ausführen, weil uns das gerade so in den Sinn kommt. Aber auch, weil wir es nicht anders erfahren haben. Wollen wir unser Wissen erweitern, mangelt es uns nicht an Lust, sondern an Zeit.

Und so komme ich zum zweiten Punkt: Wir haben wenig Zeit. Doch 136 Millionen Treffer kosten Zeit, um die Information zu lesen, zu verinnerlichen und zu überprüfen, ob diese auch wirklich anwendbar und wirkungsvoll ist. Diese Zeit können Sie mit diesem Buch sparen. Ich habe Ihnen die aus meiner Sicht wichtigsten Grundlagen der Mitarbeitermotivation aus zahlreichen Büchern und Seminaren zusammengefasst sowie meine Praxiserfahrung aus über zwanzig Jahren Mitarbeiterführung eingebracht. Sie erhalten einen schnellen, inhaltlich umfassenden Einblick in die Handlungsmotive, Hintergründe und bekannten Wechselwirkungen bei der Durchführung der Rituale.

Fünf große Vorteile – und ein Nachteil, der keiner bleiben muss

„Ritual" stammt aus dem lateinischen Wort ritualis, *„den Ritus betreffend".* Es steht für eine nach vorgegebenen Regeln ablaufende Handlung. In unserer Gesellschaft existieren ganz unterschiedliche Rituale. In der Pädagogik haben Rituale das Ziel, dem jungen Menschen Sicherheit und Geborgenheit zu vermitteln. Im normalen Alltag strukturieren Rituale unseren Tagesablauf. Vom Zähneputzen nach dem Aufstehen bis zum Gute-Nacht-Kuss. Diese Verlässlichkeit liebten wir als Kinder. Aber irgendwie ist das in unserer schnelllebigen Welt verloren gegangen. Wenn ich mich heute mit unseren jüngsten Mitarbeitern unterhalte, erfahre ich, dass diese Rituale nicht mehr selbstverständlich von allen Eltern vorgelebt und vermittelt werden. Das gemeinsame Frühstück oder Abendessen ist kein gelebtes Familienritual mehr.

Ich bin von der Kraft der Rituale absolut überzeugt und die Erfolge innerhalb unseres Unternehmens mit mehr als 140 Mitarbeitern bestätigen mich in diesem Gefühl. Rituale bewirken, dass der Mitarbeiter sich orientieren kann.
Er weiß, was ihn erwartet. Und er kann diese Rituale selber mitgestalten.

„Nichts ist beständiger als der Wandel", wusste schon Heraklit 500 Jahre vor Christus. Aber gerade in unserer heutigen Welt wünschen wir Menschen uns Beständigkeit. Rituale der Wertschätzung sind für uns ein Zeichen der Kontinuität.

Die Begleiter von Beständigkeit heißen Sicherheit, Vertrauen und Qualität. Was können Sie sich als Führungskraft mehr wünschen, als wenn Ihre Mitarbeiter sagen: *„Hier fühle ich mich wohl. Ich arbeite für das richtige Unternehmen. Wir bieten eine qualitativ hochwertige Dienstleistung, sodass wir auch in schwierigen Zeiten erfolgreich agieren können.“*

Einige unserer Mitarbeiter äußern gerne, dass unser Unternehmen **Klejbor‘s** keine Arbeit, sondern eine Lebenseinstellung sei. Ich möchte nicht damit angeben, wie gut wir miteinander agieren. Ich möchte Sie aufmerksam machen und wachrütteln, dass Sie mit überlegteren Handlungen entschieden mehr Resonanz erzeugen können. Vermutlich viel mehr, als Sie sich vorstellen können. Und bei einer solchen Resonanz macht es doch erst recht Freude, Wertschätzungen für die geleistete Arbeit zu geben. Resonanz ist die Energiewelle, die auf Ihre Handlung hin spürbar zurückkommt.

Meiner Frau Sabine und mir waren unsere Mitarbeiter immer schon das Wichtigste im Unternehmen. Seit 2004 arbeiten wir beide mehrheitlich am statt im Unternehmen. Das heißt, wir schaffen die Voraussetzungen dafür, dass die Zusammenarbeit in den einzelnen Leistungsbereichen bzw. Abteilungen ständig besser werden kann. Unsere Kunden sind unsere Mitarbeiter. Dass sie Spaß und Freude bei der Arbeit empfinden, sich bei uns wohl fühlen, aufblühen und über sich hinauswachsen können, das sind einige unserer Hauptaufgaben und unsere Beiträge zum Unternehmenserfolg.

„Unsere Kunden sind unsere Mitarbeiter.“

Sabine und Marc Klejbor

Auf den Begriff *„Rituale“* sind wir beim Seminar UnternehmerEnergie des SchmidtColleg aufmerksam geworden. Bis dato hatten wir die Motivationsmaßnahmen für unsere Mitarbeiter meistens spontan entschieden. Plötzlich war es schon wieder Weihnachten und das Weihnachtsessen konnte erst Mitte Januar stattfinden. Na, und? Mit Rechtfertigungen waren wir schnell bei der Hand:

„Im Dezember jagt ein Termin den nächsten, das ist doch unser Hauptumsatzmonat im Jahr!“ Erst im Seminar wurde mir bewusst, dass wir eine magische Resonanz erzeugen können, durch die eins plus eins plötzlich zehn ergibt. Dieses Ergebnis resultiert aus Beständigkeit, Sicherheit und Zuverlässigkeit.

Die beste Schule ist immer noch die Praxis

Die Begriffe *„Anlagevermögen“* und *„Personalkosten“*, die ich erstmalig in meinem Wirtschaftswissenschaften-Studium in Essen hörte, tun mir heute noch in den Ohren weh. Damals, in den Jahren 1992/93, saß ich als junger Unternehmer im Hörsaal. Mit 21 Jahren hatte ich mich parallel zum Studium mit einem kleinen Service-Sonnenstudio selbstständig gemacht. Nun wollte ich mich an der hehren Wissenschaft orientieren. Die Professoren müssten es ja wissen. Aber irgendwie passten deren Theorien häufig so gar nicht zu den Umsetzungserfahrungen, die ich im direkten Dialog mit meinen Mitarbeitern sammelte.

Der Einzige, der begeistert frohlockte, wenn wir die Teamkosten senkten, war unser Banker. Er folgte strikt dem Schema: Anlagevermögen ist gut, weil man es bewerten und als Absicherung der Darlehen nutzen kann. Personal kostet Geld. Dieses Geld ist futsch und bietet keine nachhaltige Sicherheit.

Ich kann mich noch sehr gut an ein Gespräch im Frühjahr 2005 erinnern. Unsere Diskothek musste teilweise renoviert werden, ich benötigte einen sechsstelligen Kredit dafür. Unsere Hausbank wollte uns dieses Darlehen unter der Voraussetzung geben, dass wir unser Team verschlanken. Es sei einfach zu teuer in einer ertragsarmen Phase.

Unsere Reaktion? Wir teilten diese Aussage unseren Mitarbeitern offen mit – und entschieden uns gegen die Bank. Die Investitionen setzten wir dann mit einem teureren Lieferantendarlehen um. Und siehe da: Ein Jahr später gab es Bestnoten im Rating von genau dieser Bank. Denn die Umsätze stiegen. Das lag nicht nur an der gestiegenen Attraktivität der Erlebnisbereiche, sondern vor allen Dingen an der überspringenden Motivation unserer Mitarbeiter. Beständigkeit, Vertrauen und Qualität sind drei sehr gute Begleiter, wenn man dauerhaften Unternehmenserfolg anstrebt. Die Rituale der Wertschätzung haben aus unserer Sicht sehr viele Vorteile und nur einen Nachteil.

Dieser einzige Nachteil ist zugleich eine große Chance

Wenn wir als Führungskraft ein Ritual durchführen, sollte unsere Begeisterungsenergie auf den Mitarbeiter überspringen. Doch was ist, wenn uns nicht danach ist? Wenn unsere eigene innere Flamme der Begeisterung eher einer kleinen, schwach leuchtenden Kerze entspricht anstatt eines Bunsenbrenners? Das ist übrigens häufig der Fall, wenn Sie als Verantwortlicher im *„Hamsterrad"* agieren. Damit meine ich, dass Sie die meiste Zeit fremdbestimmt werden und ständig von einer Aufgabe zur anderen hetzen. Plötzlich vergessen Sie sogar wichtige private Termine. Den Geburtstag eines Kindes oder den Hochzeitstag. Die dann erwachenden inneren Konflikte treiben das Rad noch mehr an.

„Leben ist das, was passiert, wenn du dich von einer Aufgabenerledigung in die nächste Umsetzung hetzt."

Marc Klejbor, frei nach John Lennon

Aus eigener Erfahrung weiß ich genau, wovon ich schreibe.

Ich habe einen wirkungsvollen Erfolgsimpuls für Sie: Wenn Ihre Begeisterungsenergie gering ist, sollten Sie diesen Zustand als Chance sehen. Er kann ein Indikator dafür sein, dass Sie unter starken Stresseinflüssen stehen. Achtung, Sie sind auf dem besten Weg in einen Zustand der dauerhaften Überforderung.

In diesem Moment drücken Sie besser auf die *„Pausetaste"* in Ihrem Leben. Reflektieren Sie die Ursachen. Machen Sie sich diese bewusst. Die Ursachen sind in den meisten Situationen unbewusste Dinge, die Sie bisher ignoriert und toleriert haben.

ERFOLGSIMPULS

Energie durch Pause

Wenig Begeisterung? Pause machen, in sich gehen, befreit weitermachen. Vielleicht denken Sie jetzt: „Nein, das kann ich nicht. Dafür habe ich keine Zeit." So dachte ich auch einmal. Heute weiß ich jedoch, dass ich diese Zeit habe. Und Sie haben in dieser Phase diese Zeit nötiger als alles andere in Ihrem Leben.

Warum? Weil Ihr Leben, Ihre Gesundheit, nicht so schnell wieder *„repariert"* werden kann wie ein Fehler bei einer Ihrer Aufgaben. Sie als Verantwortlicher fordern sich selbst zu viel ab. Sie sind zielstrebig und zuverlässig. Sie machen Unmögliches möglich. Selbst Ihre vielleicht viel zu schwere und enge *„Werte-Ritterrüstung"** kann so bleiben, wenn Sie sich dafür bewusst entscheiden.

Was tue ich, was tun meine Mitarbeiter in diesem Moment? Wir legen eine kleine Pause ein. Ich trete aus dem Hamsterrad wieder in das Jetzt ein und analysiere, was mich in dieses Gefühl gebracht hat. Die Findung des Warums, die Erklärung, hilft. Denn dadurch bekomme ich Abstand und werde mein eigener Beobachter. Durch diese Reflektion bin ich in der Lage, neu und bewusst zu wählen, wie es weitergeht. Das dauert zwischen fünf und fünfzehn Minuten, danach fühle ich mich frisch und befreit.

Sie denken immer noch, dass Sie diese Zeit nicht haben? In diesem Fall muss ich Ihnen Angst machen. Angst ist eine der stärksten Energien in unserem Leben. Wenn Sie sich diese Zeit nicht nehmen, gefährden Sie Ihre Gesundheit. Stellen Sie sich vor, sie fielen für sechs Wochen aus. Sie lägen im Krankenhaus und in einer Reha. Ohne Smartphone und Laptop. 42 lange Tage, an denen Sie nicht für Ihre Familie und Ihre Aufgaben da sein könnten.

Was sind 15 Minuten im Vergleich zu 42 Tagen? Sie haben tagtäglich die Wahl. Nutzen Sie die Chance der Selbsterkenntnis, wenn Sie sich getrieben fühlen und die eigene Motivationsenergie sehr gering ist. Gestalten Sie Ihr Leben so, wie es sich besser und richtiger für Sie anfühlt. Dieses ist übrigens ein Ritual, das ich mir selber schenke, wenn ich spüre, dass es erforderlich ist. Nachher erfreue ich mich immer wieder, wie einfach doch mein Leben durch bewusste Entscheidungen und Handlungen wird. Aus einem Nachteil wird eine Chance, erleben Sie es selbst.

* *Mit Werte-Ritterrüstung meine ich ein nicht sichtbares Werte-Denken und -Handeln, das Sie vermutlich von außen, vielleicht durch Ihre Eltern, vermittelt bekamen und bis heute unbewusst leben. Es schränkt sie aber in Ihrem Leben ein, so wie eine schwere Ritterrüstung.*

Nun stelle ich Ihnen die fünf wichtigsten Vorteile vor, die unsere Rituale der Wertschätzung auszeichnen:

1. Vorteil: Rituale sind hochwillkommene Wiederholungen

Jeder Mensch liebt die Wiederholung von positiven Erlebnissen. Die meisten freuen sich, wenn das Leben genauso abläuft, wie sie es sich vorstellen. Alles schön vorhersehbare Erlebnishäppchen, die uns nicht überfordern. Deshalb verweilen wir so gerne in unserer Komfortzone. Genau diese Situation nutzen wir mit unseren Ritualen der Wertschätzung zu unserem Vorteil.

Wenn ich weiß, wann wieder ein Ritual ansteht, kann ich die Magie der Vorfreude nutzen. Ich kann über die Kommunikation einen Spannungsbogen aufbauen und zum Beispiel – wie beim Ritual des Adventskalenders – viele Türchen öffnen, bis endlich das Christkind kommt. Zahlreiche Beispiele dafür finden Sie in Kapitel 2 dieses Buches.

Ich kann damit auch Leistungen unseres Unternehmens den Mitarbeitern bewusst machen. Der von den Medien schon viel zitierte *„war for talent"* hat längst begonnen. Die Zeit der Babyboomer ist vorbei, alle Unternehmen kämpfen um die besten Mitarbeiter. Nur wer sich heute gut vorbereitet und den internen Vergleich mit anderen Arbeitgebern nicht scheut, wird bessere Mitarbeiter für sein Team gewinnen können. *„Is schon immer jutt jegange"* gilt nicht mehr. Und öffnen Sie sich ruhig für Vergleiche. In Zeiten von Social Media sind Sie nur einen Klick vom Arbeitgeber-Bewertungsportal kununu.com entfernt.

2. Vorteil: Rituale helfen Zeit und Geld sparen

Meine Frau Sabine und ich sind Gründer. 1992 machten wir uns selbstständig. Unsere Vorstellungen wollten wir nicht nur geschäftlich, sondern auch privat umsetzen. 24 Stunden am Tag waren dabei für mich häufig viel zu kurz. Viel zu wenig Zeit für die vielen Tätigkeiten und Aufgaben, die nach Erledigung schrien.

Heute weiß ich wesentlich besser, was damals die Ursache für unsere Zeitknappheit war: eine falsche und wenig entlastende Organisation. Als Gründer wollten wir alles selber machen, jede Entscheidung selber treffen. Mein hohes Sicherheitsbedürfnis machte es mir nicht einfach, das Loslassen und Abgeben zu lernen.

Dies ist zwar kein Buch über Zeitmanagement, aber falls Sie auch an gefühltem Zeitmangel leiden, kann ich Ihnen die ungeschminkte Wahrheit sagen: Sie dürfen sich verbessern! Ich könnte auch schreiben: Sie sind noch nicht gut genug! Zwei Möglichkeiten haben Sie: Jetzt, hier und heute sich das bewusst zu machen. Hoffentlich in einer Phase, in der es gut bis sehr gut für Sie und Ihr Unternehmen läuft. Oder Sie ignorieren diese Wahrheit und warten ab, bis es nicht mehr so gut läuft und Sie in eine Krise geraten. Egal, ob privat oder geschäftlich. Wir Mittelständler leben gleichzeitig in beiden Welten. Aber die Einflüsse, ob positiv oder negativ, beeinflussen auch immer die andere Welt. Ich versichere Ihnen aus eigener wertvoller und teils sehr leidvoller Erfahrung, dass es x-mal schwerer ist, in einer Krise die Verbesserung zu erreichen. Es kostet mehr Kraft, mehr Nerven, mehr Veränderungsbereitschaft, sehr viel Zeit und dadurch auch Geld.

Mit unseren Ritualen können Sie einen ersten erfolgreichen Schritt tun. Denn Sie sparen Zeit, indem Sie sich einmal im Jahr hinsetzen und darüber nachdenken, welche Rituale der Wertschätzung Sie Ihren Mitarbeitern schenken möchten. Dabei planen Sie automatisch auch die Kosten für diese Rituale und den Zeitpunkt, wann die Kosten bezahlt werden sollen. Übrigens ist das eine einfache Übung, um im Controlling besser zu werden, denn Wertschätzungen sind vom Thema positiver als die Kosten der *„sonstigen betrieblichen Aufwendungen“*. Die Jahreszielplanung zu den Ritualen kostet Sie nach dem Lesen dieses Buches maximal eine Zeitstunde.

Die drei Hilfsfragen für die Planung der Rituale:

1. Was wollen Sie machen?
2. Wann wollen Sie das Was machen?
3. Wie wollen Sie das Was umsetzen? Mit welchen Mitarbeitern? Zu welchen Kosten?

ERFOLGSIMPULS

Fehler machen? Kein Problem

Der folgende Erfolgsimpuls ist einfach erklärt, aber in der Umsetzung einer der schwersten: die „Fehlerfreudigkeit“. Die Umsetzung ist deshalb so knifflig, weil man bei Enttäuschungen häufig in der eigenen Emotion gefangen ist und keine rationelle Entscheidung mehr treffen kann.

Bild links: Marc Klejbor im KVP-Gespräch mit Christina Baumann

Denken wir an die ersten Schritte von Babys. Irgendwann im Alter um zwölf Monate herum sind die Kleinen so neugierig und ihre Muskeln, Sehnen, Knochen so weit entwickelt, dass sie versuchen zu laufen. Sie ziehen sich überall hoch und sammeln ihre Erfahrungen. Wie verhalten wir uns als Eltern? Wir sprechen den Kleinen Mut zu und motivieren sie, weiterzumachen. Unsere Freude über kleinste Fortschritte ist riesengroß, wir grinsen und Baby grinst zurück. Wenn es dann mal Plumps macht, schützt die Windel vor dem Schmerz. Wir aber bleiben in der Motivation: *„Du schaffst das schon!"* Und tatsächlich, nach wenigen Tagen oder Wochen steht unser Nachwuchs und kann die ersten Schritte gehen. Ist das nicht ein fantastisches Erlebnis für uns als Eltern und auch eine enorme Erfahrung mit Selbstbestätigung und Stolz über die eigene Leistung der ganz jungen Menschen? Eigentlich sollten wir so weitermachen, mit Freude führen und fördern. Doch spätestens in der Pubertät der Kinder ist Schluss mit Freude und Kutschi-Kutschi. Auf einmal wird alles viel schwerer. Denken Sie einmal in einer ruhigen Stunde darüber nach. Sie werden Antworten finden, ein neues Bewusstsein erreichen und dadurch mehr Verständnis für die nächste Erfahrung aufbauen.

Was möchte ich Ihnen mit diesem Beispiel sagen? Sie können zur eigenen Höchstleistung motivieren. Wenn Sie wollen. Sie können auch bei Niederlagen, Rückschlägen, Fehlern motivieren und Ihrem Gegenüber das Gefühl vermitteln, dass Sie ihm Vertrauen schenken und davon überzeugt sind, dass er sein Ziel erreichen wird.

„Behandle die Menschen, so wie sie sind, und sie werden schlechter. Behandle die Menschen, so wie sie sein könnten, und sie werden besser."

Johann Wolfgang von Goethe

Dieses Verhalten nennen wir *„Fehlerfreudigkeit"*. Fehler dürfen passieren. Wer arbeitet und sich traut, Neues auszuprobieren, statt immer das Gleiche in der gleichen Art zu machen, der macht Fehler. Durch jeden Fehler können wir Wissen und Erfahrung aufbauen. Davon profitiert derjenige, der den Fehler begeht – und wenn er sich traut, darüber auch zu sprechen, profitieren auch andere Mitarbeiter im Team oder Unternehmen.

„Der liebe Gott hat uns zwei Augen geschenkt, damit wir gelegentlich eines zudrücken können."

Unbekannte Quelle

Die Grundlage für diesen offenen Umgang mit Fehlern können Sie als Führungskraft legen, indem Sie mit Verständnis auf den Fehler reagieren. Verständnis ist der Schlüssel für eine Kultur der Fehlerfreudigkeit. Der Fehler ist passiert und nicht rückgängig zu machen. Nutzen Sie diese Chance auf Erfolg durch einen fehlerfreudigen Umgang. Im zweiten Schritt suchen und bewerten Sie den *„Fehler des Monats"*. Wir sprechen vom *„KVP des Monats"* (KVP = Kontinuierlicher-Verbesserungs-Prozess). Wir legen den Schwerpunkt natürlich nicht auf den Fehler selbst, sondern auf die Verbesserung, resultierend aus dem Fehler. Diese Bereitschaft zur offenen Kommunikation über den Misserfolg belohnen wir.

Durch Misserfolge wird man schlauer (und erfolgreicher)

Es gibt viele Ursachen für eine Phase des Misserfolgs. Ursachen, die Ihre verantwortlichen Mitarbeiter und Sie gemeinsam zu verantworten haben. Sprich: Sie sind selber schuld. Gerne erzähle ich hierfür ein persönliches Erlebnis:

Wir gründeten unsere Diskothek **Klejbor's** im Jahr 1998. Ab dem ersten Tag erlösten wir hervorragende Umsätze. Aber anstatt die Gewinne in die Organisation zu investieren, präsentierten wir jeden Mittwochabend ein Buffet der Extraklasse für nur vier Euro pro Gast. Man konnte von 20 Uhr bis 0 Uhr so viel essen, wie man wollte. Alles frisch zubereitet von unserer sechsköpfigen Küchenbrigade. Vom frisch gebratenen Steak vom Grill über Scampis bis zum Haifischfleisch. Für unschlagbare vier Euro. Unsere Gäste waren total begeistert. Aus unternehmerischer Sicht investierten wir nur Arbeit, Zeit und Energie – und erwirtschafteten keinen einzigen Euro Gewinn. Warum? Weil ich keine Zeit hatte, um zu überprüfen, ob das Buffet-Konzept wirklich pro Öffnungsabend wirtschaftlich erfolgreich war. Heute weiß ich, dass ich mir die Zeit hätte nehmen sollen. Ich war mir meines Verhaltens nicht bewusst. Zeit hatte ich ja, nur investierte ich sie in andere Aufgaben. Meine Hauptaufgaben als Unternehmer kamen dabei zu kurz. Dazu gehörten die Preispolitik und die Wirtschaftlichkeitsüberprüfung. Am Misserfolg war ich also selber schuld.

Die Belohnung des *„KVP des Monats"* legen wir einmal im Jahr auf der Jahreszielplantagung mit unseren Führungsmitarbeitern gemeinsam fest. Für den offenen Umgang mit dem Fehler gibt es ein herzliches Dankeschön von der direkten Führungskraft, eine Urkunde und eine Flasche Sekt. Durch diese Art der Kommunikation erfahren viele andere Mitarbeiter von dem KVP und werden sensibilisiert.

Auch in meinem Büroschrank liegt eine KVP-Urkunde, da ich für einen Altweiber-Donnerstag einen teuren Künstler gebucht hatte, der nur eine Handvoll Gäste anzog. An diesem Abend gab es nur zwei Gewinner: den Manager des DJs und den DJ selbst. Meine Mitarbeiter waren enttäuscht und sauer. Aber Chefs sind nur auch Menschen. Und ich tat mein Bestes. Der abgeleitete KVP war, dass ich im Entscheidungsprozess *„Event für die Zielgruppe von 18 bis 25 Jahren"* nur noch ein Vetorecht habe. Mit über 40 Jahren bin ich altersmäßig einfach zu weit von der Zielgruppe entfernt. Jüngere Mitarbeiter sind hier kompetenter.

Noch eine kleine Anekdote: 1999 musste ich mich zwischen zwei Künstlern entscheiden. Entweder ein total unbekannter DJ aus Österreich oder DJ Teletubbi, damals total in. Beide Künstler wollten für die gleiche Promo-Gage in Höhe von 300 DM plus Reisekosten auftreten. Ich entschied mich für den Teletubbi, da meine Kinder total versessen auf die Teletubbies waren. Der Auftritt wurde ein Reinfall. Und dieser DJ aus Österreich hatte woanders wohl mehr Erfolg. Sein Name? DJ Ötzi.

3. Vorteil: Rituale sind die beste Markenwerbung

Mitarbeiter kommen und gehen. Und jeder Mitarbeiterwechsel kostet Zeit und daher auch Geld. In über zwanzig Jahren Selbstständigkeit führten wir Tausende von Mitarbeitern in unseren einzelnen Firmen und Leistungsbereichen. Die Gründe für die Fluktuation sind vielseitig. Betrachten wir einmal nur die Gründe, die Sie als Unternehmer wirklich beeinflussen können:

Erster Schritt: Fragen Sie nach dem Kündigungsgrund

Sie sollten Ihre eigenen Gründe für die Mitarbeiterfluktuation herausfinden, durch simples Nachfragen:

– *Was hat Sie dazu veranlasst, unser Unternehmen zu verlassen?*
– *Seit wann beschäftigen Sie sich mit dem Gedanken?*
– *Was schlagen Sie uns als Verbesserung vor?*

Mit diesen drei einfachen Fragen sammeln Sie vielleicht ähnlich wertvolle Erfahrungen wie wir. Uns wurde bewusst, dass diejenigen Mitarbeiter, die bereits innerlich gekündigt hatten, eine unglaublich niedrige Produktivität hatten. Und eine deutlich kleinere Gruppe von Mitarbeitern erwirtschaftete den größten Teil der Produktivität.

Durch die Statistik *„Produktivität pro Mitarbeiter“* (Brutto-Jahreserlös: Anzahl der fest angestellten Mitarbeiter = Produktivität pro Mitarbeiter) wurden wir darauf aufmerksam. Erst durch Nachfragen bei den Mitarbeitern, die uns verließen, erhielten wir eine Fülle an Verbesserungsvorschlägen. Meine Erfahrung ist, dass uns verlassende Mitarbeiter sehr offen, emotional und inhaltlich gehaltvoll auf die Fragen antworten, weil keine Angst auf Kündigung mehr besteht.

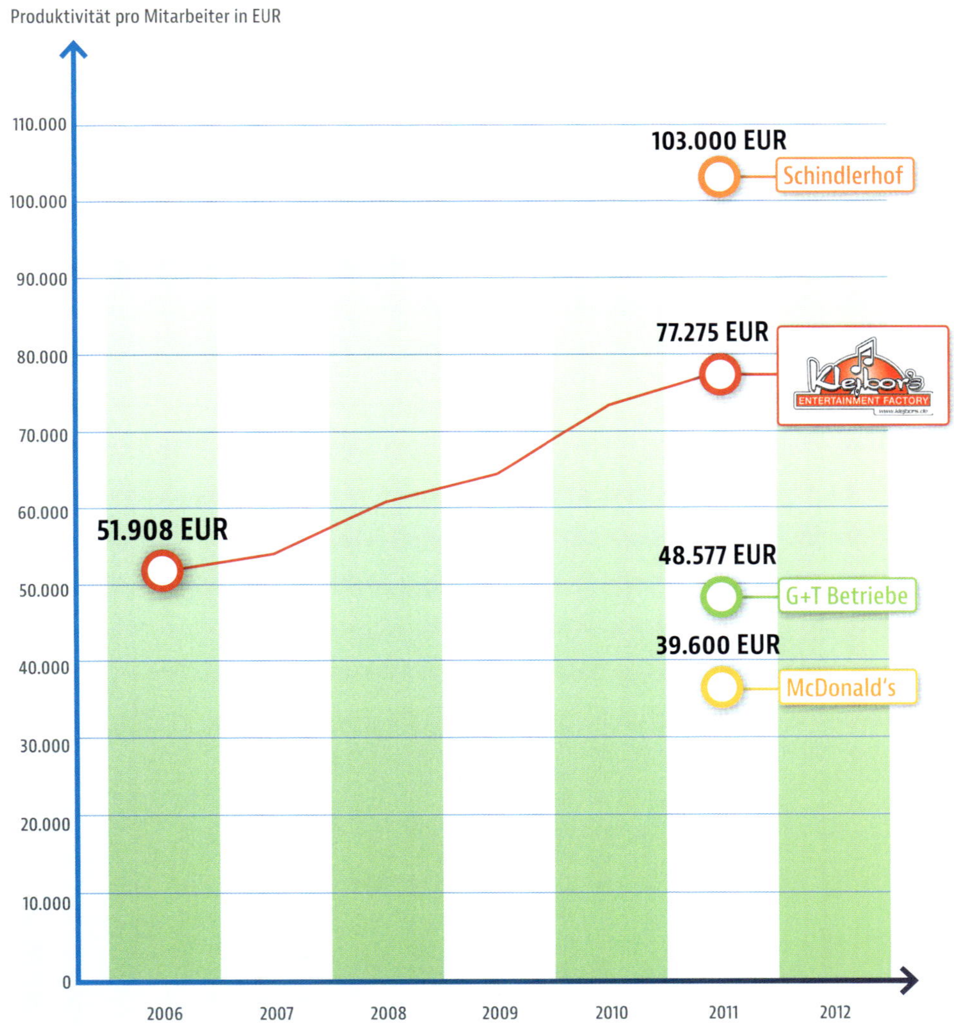

Eine Entwicklung, auf die wir sehr stolz sind: die Produktivität pro Mitarbeiter in EUR

Zweiter Schritt: Kommunizieren Sie die Punkte im Führungsteam

Sind die Angaben korrekt? Ist es möglich, diese Punkte zu verbessern? Wenn ja, in welcher Form? Das sind hervorragende Möglichkeiten, das Teamwork zu optimieren. Sie profitieren zweifach von diesen Führungsmaßnahmen:

- Die Mitarbeiter spüren, dass sie Ihnen wichtig sind. Sie wissen, dass Sie über wenig freie Zeit verfügen. Deshalb wertschätzen sie es umso mehr, wenn Sie die Zusammenarbeit zur Chefsache erklären.
- Sie verringern die Transaktionskosten. Sie sparen also Zeit und Geld innerhalb der Zusammenarbeit. Die Produktivität pro Mitarbeiter in Ihrem Unternehmen wird sich nachweislich erhöhen.

Dritter Schritt: Stellen Sie die Veränderungen offiziell vor

Informieren Sie alle Mitarbeiter über die Veränderungen. Geben Sie auch an, wer den ersten Stein der Veränderung ins Rollen gebracht hat. Meistens halten Ihre Mitarbeiter länger den Kontakt zu ihren ehemaligen Kollegen. Dadurch drücken Sie auch wieder Wertschätzung aus und es kostet Sie nichts. Wir haben schon sehr oft erleben dürfen, dass Mitarbeiter in unser Unternehmen zurückkehren, nachdem sie anderswo ihre Erfahrungen gesammelt haben.

Ein weiterer Vorteil der Fluktuation ist Ihre steigende Bekanntheit als Arbeitgebermarke. Im Wirtschaftsbereich Groß-Gastronomie/Diskothek verlassen uns jeden Monat Mitarbeiter, die als sogenannte geringfügig Beschäftigte (Aushilfen) angestellt waren. Meistens stehen Gründe dahinter, die wir als Unternehmen nicht zu verantworten haben: Beendigung des Studiums, Wechsel des Wohnorts oder eine neue Hauptbeschäftigung. Jeder *„Klejborianer“*, so nennen wir unsere Mitarbeiter, hat unsere Umgangskultur erlebt und erinnert sich mit Sicherheit gerne an die gemeinsame Zeit zurück. Hier geht es nicht nur um Friede, Freude, Eierkuchen. Gerade die *„knackigen“* Gedankenunterschiede sind häufig Gesprächsstoff, wenn man sich einmal wiedersieht, aber dann aus einer anderen Reifeperspektive. Auch das stärkt die Strahlkraft Ihrer und unserer Arbeitgebermarke.

4. Vorteil: Rituale sind bestens kalkulierbar

Wir Unternehmer lieben Vorhersehbares, gerade im Bereich Zahlen, Daten, Fakten. Wertschätzungen kosten Ihre Zeit, Ihre Energie und natürlich auch Ihr Geld. Dafür sind sie aber äußerst kalkulierbar.

Zwei Arten von kalkulierbaren Kosten unterscheiden wir:

Direkte Kosten sind für mich Sachleistungen, die wir selber einkaufen müssen und die für eine Wertschätzung erforderlich sind. Ob die Genesungskarte, das Flugticket oder die Anerkennung in Euro. Jede dieser Positionen ist vorher kalkulierbar, wenn Sie es wünschen. Denn Sie machen ja nur das, was Sie vorher geplant und budgetiert haben. Bei unseren über 140 Mitarbeitern kommt da im Laufe eines Geschäftsjahres eine stattliche Summe zusammen. Wenn wir alle direkten Kosten addieren, investieren wir je nach Jahreszielplanung zwischen ein bis zwei Prozent unseres Erlöses.

Indirekte Kosten beziehen sich auf die Zeit für die Vorbereitung und Durchführung der Rituale. Wenn Sie Erfolge mit Ihrem Team feiern möchten, kostet das definitiv Zeit. Zum Beispiel führen wir jeden zweiten Dienstag im neuen Geschäftsquartal eine Quartalsbesprechung mit allen Führungsmitarbeitern und Auszubildenden sowie einem Teil der Mitarbeiter durch. Wir beginnen stets mit einem gemeinsamen Frühstück um 8:30 Uhr. Anschließend präsentieren die Führungsmitarbeiter ihre Geschäftsergebnisse. Die Projektleiter stellen den aktuellen Stand der Projektentwicklungen vor, die Unternehmensführung gibt einen Rückblick auf das bisherige Geschäftsjahr und einen Ausblick auf die nächsten Monate. Dafür benötigen wir rund drei Stunden Zeit. Bei rund 30 anwesenden Mitarbeitern bedeutet das 90 Arbeitsstunden, die vom Unternehmen bezahlt werden müssen. Wir investieren diese indirekten Kosten aber gerne, da wir wissen, wie wichtig die interne Kommunikation mit den Mitarbeitern in der laufenden Zusammenarbeit ist. Ich vergleiche das immer mit der Ergebnisanzeige beim Handball oder Basketball. Meinen Sie, dass bei den Zuschauern Jubel, Freude und Euphorie aufkämen, wenn der Spielstand nicht verraten würde? Sportler und Fans wollen wissen, wie gut sie sind. Das gilt auch für die Mitarbeiter im Unternehmen. Und nicht immer gibt es etwas zum Feiern und Jubeln. Fehler und Misserfolge sind ihre Chance, aus den Fehlern zu lernen, um es in Zukunft besser zu machen und zu gewinnen. Das verbindet die Menschen und erzeugt das Klima für Höchstleistungen, das unsere Unternehmen brauchen. Nebenbei macht es auch noch richtig viel Spaß.

Direkte und indirekte Kosten im Griff: Bei jedem Ritual, das wir in Kapitel 2 vorstellen, können Sie sich an der Kosten- und Zeiteinsatzangabe orientieren.

5. Vorteil: Rituale stärken die kontinuierliche Verbesserung

Gemeinsame Ziele und die umfassende Kommunikation über die Erfahrungen mit den Umsetzungen binden die Mitarbeiter in die Prozesse mit ein. Niemand kann mehr behaupten: *„Habe ich nicht gewusst"* oder *„Das hat mir keiner gesagt."* Diese Standardausreden gelten nicht mehr. Das bedeutet nicht, dass alle Mitarbeiter sich automatisch in ihrem Verhalten verbessern. Es ändert sich lediglich die Rechtfertigung. Jetzt gilt *„Ich habe nicht aufgepasst"* oder *„Ich interessiere mich nicht für das Geschäftsergebnis."*

Wie würden wohl Trainer, Teamkollegen und Fans reagieren, wenn Manuel Neuer im TV-Interview sagen würde, dass es ihn nicht interessiere, ob seine Mannschaft ein Tor schießt? Ich denke, Sie können sich das Donnerwetter vorstellen. Ich habe jahrelang Handball gespielt und je höher der Einsatz war, desto mehr Konzentration wurde von jedem Einzelnen auf dem Platz gefordert. Was man alleine nicht zu erreichen vermag, kann man mit einem guten Team auf jeden Fall erreichen.

Auch beim Kontinuierlichen-Verbesserungs-Prozess (KVP) hilft Teamwork. Denn gemeinsam beobachten wir auch mehr. Ständige Verbesserungsmöglichkeiten finden bei uns im Unternehmen nicht Unternehmensberater, sondern die Mitarbeiter. Genau diejenigen, die stundenlang die einzelnen Prozesse ausführen und von uns dazu ausdrücklich eingeladen werden, ihre Meinungen, Verbesserungswünsche und Lösungsvorschläge mitzuteilen. Dies gilt auch bei den Ritualen der Wertschätzung.

Ein Beispiel: Vor Kurzem waren wir auf unserer alljährlichen Mitarbeiter-Belohnungstour. Drei Tage auf der Lieblings-Partymeile der Deutschen im 17. Bundesland für 20 verdiente Mitarbeiter. Die Kriterien für diese Tour waren auf der Jahreszielplanung im vorherigen Jahr gemeinsam besprochen und beschlossen worden. Zum Beispiel gab es für die Idee des Monats ein Mallorca-Ticket. Im Praxis-Kapitel 2 beschreibe ich Ihnen unsere Umsetzungsdetails für die Tour genau. An dieser Stelle konzentriere ich mich auf den KVP. Alle Teilnehmer hatten viel Spaß an den drei Tagen. Dennoch wollen wir sichergehen, ob diese Wertschätzung wirklich attraktiv ist. Immerhin kostet sie rund 12.000 Euro. Daher rufen wir alle Mitarbeiter auf, diesen Preis zu bewerten. Alle heißt: auch diejenigen, die nicht mitgefahren sind.

Die Fragen:

- *Wie bewertest du die Anerkennung für die Idee des Monats?*
- *Sollten wir diese wiederholen?*
- *Wenn ja, hast du einen Verbesserungsvorschlag für die kommende Tour?*
- *Wenn nein, was sollten wir stattdessen anbieten?*

An einer solchen freiwilligen Umfrage beteiligen sich in der Regel rund 60 Prozent der Mitarbeiter. Das Feedback sammeln wir und stimmen in der kommenden Jahreszielplanung im September mit unseren Führungsmitarbeitern den Preis für das kommende Jahr ab. Bei der Vorstellung aller Jahresziele erhalten alle Mitarbeiter den Überblick über die gesamten Feedbacks, die uns erreichten.

Nur durch den rechts beschriebenen Dreier-Zyklus der internen Kommunikation halten Sie die Kommunikationsbereitschaft im Unternehmen aufrecht.

Bitte beachten Sie auch WIM = Weniger ist mehr. Als wir im Jahre 2006 mit der strukturierten internen Kommunikation begannen, ging ich davon aus, dass die Erstellung der Mitarbeiterfragen die meiste Zeit in Anspruch nehmen würde. Heute kann ich darüber nur schmunzeln. Rechnen Sie mit einem erforderlichen Zeiteinsatz von einer Minute pro Mitarbeiter pro Frage. Bei drei Rückfragen und 100 Mitarbeitern benötigen Sie 300 Minuten, also fünf Zeitstunden. Damit decken Sie die Erstellung, die Durchführung und die Aufbereitung der Daten zur Veröffentlichung ab, aber noch nicht die Dialogzeit. Diese kann ich Ihnen nicht als Orientierungshilfe angeben, da es je nach Thema und Mitbeteiligten mal länger, mal kürzer dauerte.

Wir legen heute ein Zeitfenster fest, innerhalb dessen wir einen Beschluss treffen müssen. Für den oben genannten Preis für die Idee des Monats sind in der Jahreszielplanung 45 Minuten angesetzt. In dieser Zeit sind 15 Minuten für Reflektion, 15 Minuten für Neues und 15 Minuten für Diskussion und Beschluss

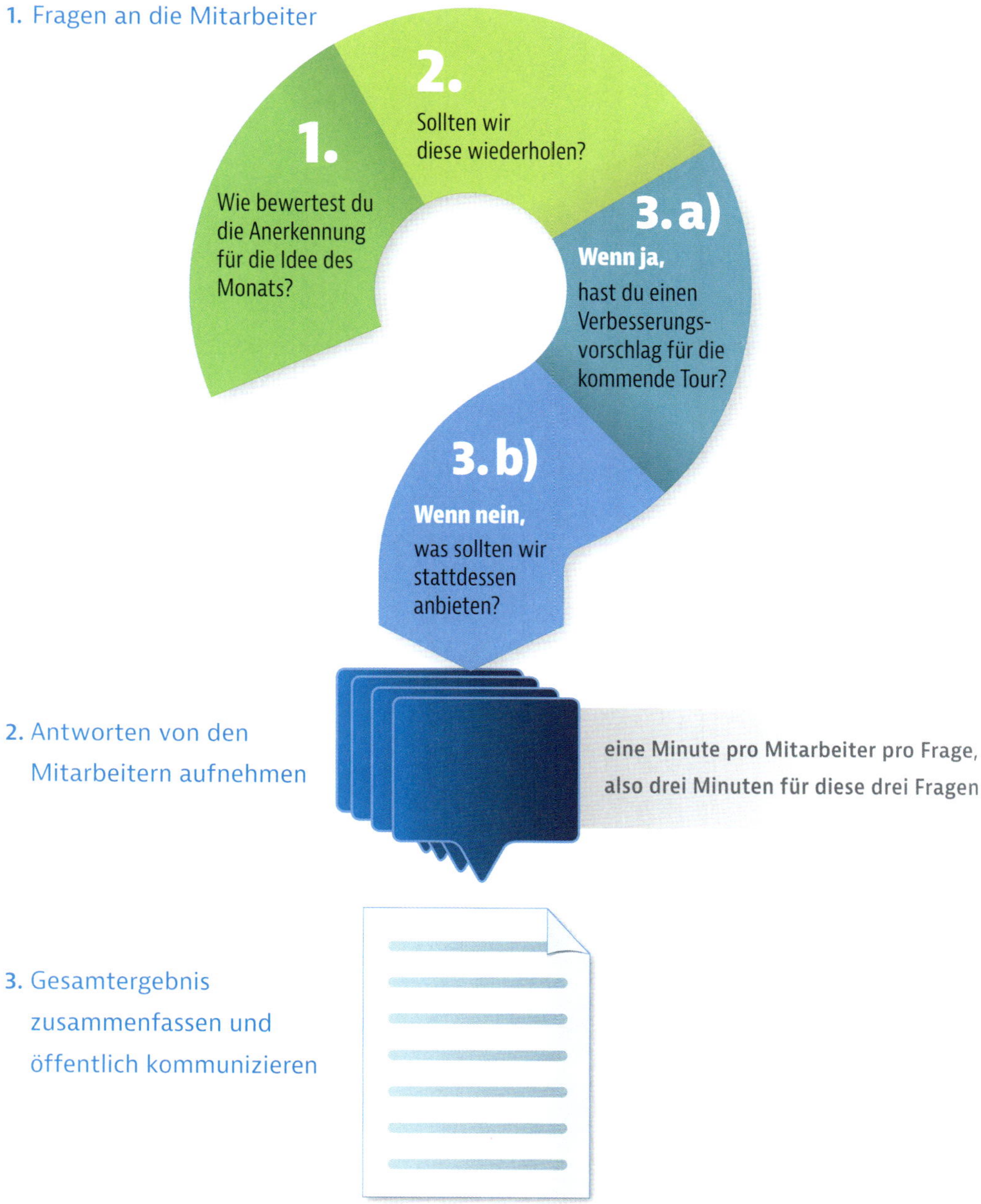

Durch diesen Dreier-Zyklus der internen Kommunikation halten Sie die Kommunikationsbereitschaft im Unternehmen aufrecht.

vorgesehen. Beachten Sie bitte: Ein vorher definiertes Zeitfenster ist immer nur eine Arbeitshilfe und keine Pflicht. Unser Ziel ist es, den Preis für die Idee des Monats weiter zu verbessern – und nicht, unter allen Umständen die 45 Minuten Projektzeit einzuhalten.

Die fünf Vorteile der Rituale der Wertschätzung auf einen Blick:

Vorteil Wiederholungsfaktor

Ihre Mitarbeiter werden sich über die wiederkehrenden Rituale freuen. Im Voraus und natürlich bei der Durchführung.

Vorteil Zeitersparnis

Sie sparen Zeit, weil Sie sich nicht jedes Jahr wieder etwas komplett Neues ausdenken müssen. Einen kleinen Teil der gesparten Zeit können Sie in die leidenschaftliche Umsetzung investieren.

Vorteil Werbewirkung

Aktuelle und ehemalige Mitarbeiter werden von Ihren Ritualen positiv berichten. Dies stärkt Ihr Ansehen als Arbeitgebermarke.

Vorteil Kalkulierbarkeit

Die direkten Kosten können Sie kalkulieren, budgetieren und über die Jahre miteinander vergleichen. Das gibt Sicherheit. Anhand der indirekten Kosten sehen Sie, wie viel Zeit Sie benötigen, um im kommenden Jahr weitere Verbesserungen umzusetzen.

Vorteil Verbesserungsprozess

Alle Mitarbeiter sind in den Verbesserungsprozess (KVP) eingebunden. Jahr für Jahr können Sie so gemeinsam die wirksamen Rituale der Wertschätzung immer wieder dem aktuellen Zeitgeist anpassen.

ERFOLGSIMPULS

Planen, anpassen, verschriftlichen!

Wir sind Unternehmer! Wir erreichen unsere Ziele durch Umsetzungen und nicht durch Unterlassungen. Doch zu 100 Prozent werden Sie Ihre Planungen niemals umsetzen können. Irgendetwas kommt immer dazwischen.

Kalkulieren Sie das mit ein und kommunizieren Sie es von Anfang an Ihrem Team. Anpassungen gehören zum Unternehmenleben genauso dazu wie Zielplanungen. Wer weiß, vielleicht wird plötzlich eine Steuer von 50 Prozent auf die Mitarbeitermotivation eingeführt? Oder, etwas weniger humoristisch, die Geschäftslage entwickelt sich negativer als geplant. Dann müssen Sie Ihre Pläne anpassen. Damit Sie und alle Mitarbeiter im Unternehmen den Überblick behalten, sollten Sie das Prinzip der Schriftlichkeit beherzigen. Formulieren Sie alle Beschlüsse und Entscheidungen kurz schriftlich und lassen Sie alle Entscheider mit unterschreiben. Das sorgt für Klarheit in der Zusammenarbeit.

Die richtige Stimmung für den Erfolg schaffen

„Es geht nicht nur darum, was du erreichen willst, sondern wie du es erreichen willst."

Unbekannte Quelle

Haben Sie schon einmal mit Kindern einen Kuchen gebacken? Unseren Kindern war es beim Backen total egal, ob sie die Küche in ein Chaos verwandelten und der Kuchen am Ende schmeckte. Hauptsache, es machte ihnen einen Riesenspaß. Je mehr Spaß, desto besser. Leckerer wurde der Kuchen dadurch leider nicht. Aber wir lachten viel über die Erlebnisse bei unseren familiären Back-Events.

Ähnlich ist es auch mit der Mitarbeitermotivation. Es geht um ein ausgewogenes Verhältnis der Emotionen. Gibt es nur Druck, explodieren vielleicht die Ergebnisse, doch auf Kosten der Freude. Und immer nur Spaß lässt auch den besten Unternehmer in die kuschelige Erfolgshängematte rutschen. Anhand unserer internen Statistik kann ich Ihnen genau belegen, wann wir es einfach übertrieben hatten. Zu viel Druck schadet der Freude und treibt die Krankheitstage pro Mitarbeiter in die Höhe. Dabei liegt ein positiver Weg doch so nahe.

Ein Beispiel aus der Praxis: Aktuell spüren wir die Auswirkungen des Nichtraucherschutzgesetzes in Nordrhein-Westfalen. Am 1. Mai 2013 trat es in Kraft und verbietet das Rauchen innerhalb der konzessionierten Räume. Unsere Branche verzeichnet Einbußen von 35 bis 70 Prozent laut der jüngsten Umfrage des Branchenverbandes Dehoga-BDT. Wir selbst erzielten am ersten Samstag im Mai 2013 knapp unter 1.000 Gäste. Das waren rund 300 Gäste weniger als im als im Jahr zuvor. Im wöchentlichen Führungskräftemeeting diskutierten wir diese erhebliche Abweichung und erarbeiteten gemeinsam Lösungen. Wer macht was bis wann? Welche Zahl an zusätzlichen Gästen wollen wir erreichen?

Im Mai 2013 erzielten wir minus zwölf Prozent und im Juni minus vier Prozent Abweichung von unserer Planung. Natürlich können Sie sagen, dass wir schlechter als geplant waren. Betrachte ich aber unsere direkten Mitbewerber und die gesamte Branche, die sich bei einem Minus von rund 30 Prozent eingependelt hat, kann ich sehr stolz auf unser Team sein. Wenn wir bei einer kleinen Marketingmaßnahme mit 30 Gästen rechnen und dann rund 50 Gäste erzielen, sind das 67 Prozent mehr als geplant. Da kommt einfach Freude auf.

„Erfolg bringt Erfolg, der Erfolg bringt", sagt mein Mentor Klaus Kobjoll. Denn: *„Erfolg im Kleinen ist der Vorbote für den Erfolg auch in den großen Zahlen."* Meine These kann ich mit dem obigen Beispiel auch belegen. Denn wenn ich unseren aktuellen Geschäftsjahresverlauf bis zum 30.06. mit dem des vorangegangenen Jahres vergleiche, sind unsere Erlöse um drei Prozent gestiegen.

Schenken Sie Aufmerksamkeit

„Menschen erinnern sich nicht daran, was du genau gesagt hast, aber ganz genau daran, wie sie sich bei dir gefühlt haben."

Maya Angelou

Eine meiner Hauptaufgaben als Chef und Unternehmer ist es, die Stimmung in meinem Team zu erkennen und so zu agieren, dass meine Mitarbeiter auf dem Weg zum Ziel Freude und Spaß erleben und glückliche Momente spüren. Das geht nur, wenn ich ihnen Wertschätzung zu ihrer persönlichen Leistung und Anerkennung für unsere gemeinsame Leistung schenke.

Es ist niemals einfach, ein Team zur Höchstleistung zu führen, aber im Tagesgeschäft mit seinen vielen unvorhersehbaren Herausforderungen ist es umso schwerer umzusetzen. Ich hatte jahrelang so viel mit mir selber zu tun, dass ich dabei keine Aufmerksamkeit, keinen Platz und keine Energie für meine Mitarbeiter übrig hatte. Die ersten sieben Jahre der Gründungsphase waren unglaublich stressig. Alles musste in den 12-Stunden-Arbeitstag hineinpassen. Ich ging täglich ins Büro, wünschte allen Mitarbeitern einen guten Morgen und kriegte nichts mit. Als meine Frau mich einmal bat, eine grippekranke Mitarbeiterin nach Hause zu schicken, guckte ich sie mit großen Augen an. Ich hatte die fiebernde Kollegin einfach nicht bemerkt. Aufmerksamkeit, Anerkennung und Wertschätzung blieben total auf der Strecke.

Vor diesem Hintergrund sind die Inseln der Anerkennung, also unsere Rituale entstanden. Mir war es wichtig, dass unsere Mitarbeiter spürten, dass ich ihre Leistung als wichtig empfinde und anerkenne. Nicht nur an einem ruhigen Arbeitstag, sondern erst recht im stressigen Unternehmeralltag, wenn die Ergebnisse nicht stimmen und sich das Team Aufmerksamkeit, Vertrauen, Klarheit und Führungsstärke wünscht. Daher sind unsere Rituale der Wertschätzung für Sie als Leader eine enorme Entlastung und Unterstützung. Einmal beschlossen und terminiert brauchen Sie diese einfach nur noch umzusetzen. Wie von selbst erfüllen sich so die vier obigen Wünsche Ihres Teams.

Auf die Kraft der Emotion setzen

Alle Jahre wieder bescheinigt die Gallup-Studie, dass nur rund 15 Prozent der Mitarbeiter eine enge emotionale Bindung zu ihrem Unternehmen besitzen. Alle anderen machen Dienst nach Vorschrift oder haben sogar schon innerlich gekündigt. Der Produktivitätsverlust beträgt laut der Studie rund fünf Prozent. Hätten Sie Lust auf fünf Prozent mehr Erlös, ohne dass es mehr kostet?

Ihnen als Unternehmer bietet sich hier eine große Chance. Versuchen Sie einmal, nicht nur die Köpfe Ihrer Mitarbeiter zu erreichen, sondern auch ihre Herzen. Das ist eigentlich eine generelle Führungsaufgabe, aber in diesem Buch geht es ja um die Mitarbeitermotivation. Je genauer Sie einen Mitarbeiter mit seinen Gewohnheiten, Vorzügen, Wünschen und Träumen kennen, desto einfacher gelingt es Ihnen, sein Herz oder sogar seine Seele zu berühren.

Unser Team beim Abflug nach Mallorca 2013. Alle sind mitgeflogen (auch die mit Flugangst)!

Kommen wir kurz auf das Praxisbeispiel Mallorca-Tour zurück. Auch in diesem Jahr gab es wieder zwei Mitarbeiter, die das erste Mal in ihrem Leben geflogen sind. Nicht aus Kostengründen, sondern wegen Flugangst. Was der Partner zu Hause alleine nicht erreichen konnte, nämlich einen gemeinsamen Urlaub in ein entferntes Urlaubsziel mit dem Flugzeug, gelang plötzlich im Team. Es ist eine unglaubliche Freude, mitzuerleben, wie Menschen über sich hinauswachsen, ihre Ängste besiegen und stolz auf ihre persönliche Höchstleistung sind. Solche gemeinsamen Momente kann man viele Jahre später noch einmal mit Freude beim Storytelling reflektieren, denn unser Herz hat dieses Erlebnis für immer gespeichert. Das ist für uns die freiwillige emotionale Verbindung mit dem Unternehmen. Und diese Chancen können auch Sie mit den Ritualen der Wertschätzung nutzen.

Ein weiteres Praxisbeispiel: die alljährlichen Betriebsweihnachtsfeiern in vielen Unternehmen. Keiner hat vielleicht Lust, aber niemand darf fehlen. Gefeiert wird in irgendeinem Durchschnittsrestaurant. Links und rechts sitzen die Arbeitskollegen, mit denen man am besten klarkommt. Der Abteilungsleiter oder Chef thront am Kopf des Tisches. Jedes Jahr der gleiche Ablauf: eine kurze Blabla-Rede, ein paar gezwungene Sympathielacher, dann Vorspeise, Hauptspeise, Nachtisch. Viele trinken nur Wasser oder höchstens einen Wein, weil man ja nicht als Alkoholiker gelten möchte. Und endlich, endlich ist es 23 Uhr und man darf in die Nacht entfliehen. Nur noch 365 Tage, dann steht die nächste, genauso heimelige Weihnachtsfeier an.

Umdenken! Sehen Sie die Chancen

Diese Atmosphäre mag in unserer Vorstellung kühl und demotivierend wirken, doch sie bietet ein Eldorado an Chancen zur Begeisterung. Ein wenig Leidenschaft sowie mehr Empathie und Mitmenschlichkeit vonseiten der Führungskräfte – schon kann aus einer drögen Feier eine belebende, begeisternde Erfahrung werden. Die Mitarbeiter reagieren mit Freude auf die Veränderung, wie die Pflanzen in der Wüste am Ende der Trockenzeit, und sind dankbar für die neue Atmosphäre im Unternehmen. Sie haben die Stimmung von heute mit der von früher verglichen, mit eindeutigem Ergebnis. Die Wahrscheinlichkeit, dass diese motivierten Mitarbeiter höhere Erfolge erzielen, ist sehr groß.

Am deutlichsten kann man die Kraft der wirkungsvollen Mitarbeiterführung im Profifußball beobachten. Eine Mannschaft spielt schlecht und verliert Spiel für Spiel. Der Trainer muss gehen, ein neuer Trainer tritt an und beim nächsten Spiel wirken die Spieler wie ausgewechselt und gewinnen. Mannschaft, Trainer, Vorstand und Fans sind glücklich.

Ob die Spieler auf dem Fußballplatz oder Ihre Mitarbeiter im Unternehmen: Alle werden es Ihnen danken, indem sie sich mehr für ihre Arbeitskollegen, ihre Aufgaben und ihr gemeinsames Unternehmen interessieren. Sie werden über den Tellerrand hinausdenken und ihre Erkenntnisse auch mitteilen. Plötzlich erreichen Sie O-Töne von zufriedenen oder begeisterten Kunden, weil der Funke der Begeisterung zwischen Mitarbeiter und Kunde überspringt. Die Kunden sind glücklich über einen Service, den sie so nicht erwartet hatten. Unsere Mitarbeiter sind leidenschaftliche Dienstleister, die mit ihrer Leistung überzeugen und mit ihrer Emotionalität begeistern. Das ist Dienstleistung im 21. Jahrhundert – von Mensch zu Mensch! Dieser Weg hat uns von 2006 bis heute um über 20 Prozent höhere Erlöse beschert. Begeisternde Mitarbeiter lassen auch die Erlöse sprudeln.

Drei Mittel, um begeisternd zu kommunizieren

Ich habe bereits darauf hingewiesen, dass die Rituale der Wertschätzung sehr viel Ihrer kostbaren Zeit sparen helfen. Jetzt möchte ich Ihnen ein paar Impulse geben, wie Sie die Flamme der Begeisterung entfachen und immer wieder auflodern lassen.

1. Hilfsmittel *„Spannungsbogen"*

Vorfreude ist die schönste Freude, das lernen wir schon als Kinder, wenn wir die 24 Tage bis Weihnachten abwarten müssen. Ähnliches können Sie als Leader erzeugen, indem Sie mit Ihrem Team kommunizieren. Erzählen Sie vor dem nächsten Meeting von einem gemeinsamen Erlebnis aus der Vergangenheit. Hängen Sie eine Story samt Foto am Memoboard aus. Oder versenden Sie eine E-Mail, die Lust auf ein anstehendes Ereignis weckt. Gerne zähle ich mit dem Team die Wochen und die Tage herunter. Meistens zum Wochenanfang am Montagmorgen. Story, Foto und Hinweis auf *„Nur noch 42 mal schlafen"*. Gerne verwende ich dafür auch gemeinsame Emotions-Highlights des letzten Rituals. Wir lachen gemeinsam, sprechen untereinander über das Vergangene und freuen uns auf das Zukünftige. So fängt die Arbeitswoche total positiv an.

2. Hilfsmittel *„Fotos"*

Bilder sagen mehr als tausend Worte. Seitdem ich von dieser Weisheit überzeugt bin, ist mein ständiger Begleiter ein Fotoapparat oder mein Smartphone. Halte den Moment fest, in dem es passiert!

3. Hilfsmittel *„Datenbank"*

Im Laufe eines Jahres sammle ich Hunderte von Fotos. Ich lege sie immer unter Datum und Anlass ab. So baue ich mir eine Klejbor's-Team-Fotodatenbank auf. Sie glauben gar nicht, wie viele Lacher das Foto eines Mitarbeiters an seinem ersten Ausbildungstag viele Jahre später erzeugen kann. Das Archivieren der Fotos erledige ich meistens im Flugzeug oder im Zug, also zu einer Zeit, in der ich normalerweise ein Buch oder die Zeitung lesen würde. Dabei fallen mir oft die besten Momente wieder ein und ich *„bewaffne"* mich mit neuen Foto-Highlights.

Und das Beste: Alle drei Hilfsmittel kosten nichts, außer Ihre Leidenschaft und Zeit, um die emotionale Kommunikation zu entfachen. Denken Sie daran: Sie als Leader sind für die Stimmung im Team verantwortlich.

Leidenschaft statt Geld investieren

„Bei den Ritualen der Wertschätzung kommt es nicht auf die Höhe des Budgets, sondern auf die Höhe der Leidenschaft an."

Marc Klejbor

Immer wieder berichten mir Unternehmer, dass ihre Mitarbeiter sich nur durch Geld motivieren ließen. Ich war selbst einmal davon überzeugt. Diese

Denkweise entsprach nämlich genau meinem früheren Handlungsmotiv. Als Kind aus einem Beamtenhaushalt mit einer 75-Quadratmeter-Wohnung durfte ich schon früh lernen, dass ich selbst agieren musste, wenn ich mir etwas Besonderes kaufen wollte. Sei es der Original-Rubik´s-Cube-Würfel oder ein Marken-T-Shirt. Mit 21 Jahren machte ich mich selbstständig, weil mir das Studentenleben und die Theorien zu langweilig geworden waren und ich endlich Geld verdienen wollte.

Die berühmte Maslowsche Bedürfnispyramide kennen Sie sicher. Der Weg zur Selbstverwirklichung führt über die Erfüllung der körperlichen, sozialen und individuellen Grundbedürfnisse.

Bedürfnispyramide nach Abraham Harold Maslow (1900–1970)

Meine Eltern hatten beide die Folgen des Zweiten Weltkrieg miterlebt und daher war ihr Sicherheitsbedürfnis extrem hoch. Dieses Streben nach Sicherheit wurde auch mir zu eigen. Seitdem mir diese Eigenschaft bewusst ist, könnte ich sie eigentlich ablegen, doch ich nutze die Sicherheitsenergie lieber in meinem Handlungsverhalten. Ähnlich wie beim Einloggen bei *„Wer wird Millionär?“*. Falle ich durch einen Fehler zurück, habe ich nicht unsere Existenz aufs Spiel gesetzt. Damit kann ich sehr gut leben und trotzdem meine Selbstverwirklichung anstreben.

Erst seitdem ich mich für die dritte Stufe der sozialen Bedürfnisse interessiere und diese mit Aktionen und Erlebnisse erfülle, verändert sich mein Handlungsmuster. Daher empfehle ich Ihnen, in sich hineinzuschauen und zu prüfen, wer Sie momentan tatsächlich sind.

Die Führungskraft, die nach dem Glaubenssatz *„Ich arbeite für Geld“* entscheidet, führt und handelt, scharrt um sich mehrheitlich Mitarbeiter, die ebenfalls diesem Muster folgen. Ganz anders sieht die Situation aus, wenn es mir als Führungskraft um Selbstverwirklichung geht: Was ich mache, tue ich, weil ich Lust darauf habe. Die Begleiter der Lust sind die Freude über die Möglichkeit des Tuns und ein deutlich höherer Erfolg. Wem die Aufgabenerfüllung eine Last ist, der arbeitet in der Regel weniger erfolgreich.

Motivieren kostet wenig Geld

Sie können das selbst überprüfen. Fragen Sie Ihre Mitarbeiter einmal, welche Motivationen ihnen in Erinnerung geblieben sind. Mich überraschen die Ergebnisse immer wieder. Es werden nicht die kostspieligen Maßnahmen genannt, sondern diejenigen, in die meine Frau und ich die meiste Leidenschaft investiert haben. Um solch beglückende Rituale der Wertschätzung zu erschaffen, halten wir uns an eine einfache Orientierungshilfe: das Wort **ZIEL.**

- **Zeit:** Zu überlegen, wem und für was ich eine Wertschätzung geben möchte, benötigt definitiv Zeit. Diese Zeit müssen Sie sich nehmen.

- **Interesse:** Wenn ich kein Interesse an einem Mitarbeiter habe und mich nicht mit ihm auseinandersetzen möchte, sollte ich es bleiben lassen. Die Wahrscheinlichkeit, ein gutes Ergebnis zu erzielen, ist äußerst gering. Machen Sie am besten das, was alle Führungskräfte tun, die weder Zeit noch Interesse haben: Stecken Sie Geld in ein Kuvert und beruhigen Sie Ihr Gewissen mit der Rechtfertigung *„Geld kann jeder gebrauchen."* Die Wahrheit ist, dass Ihr Mitarbeiter keine oder eine sehr geringe Wertschätzung empfindet, wenn er den Briefumschlag öffnet. Es sei denn, die Geldsumme ist exorbitant hoch. Aber das werden Sie sich bei sehr vielen Mitarbeitern vermutlich nicht leisten können. Als Hilfsmittel, um dieser Geldgeschenk-Falle zu entkommen, finden Sie in Kapitel 2 unsere Partner-Analyse.

- **Erfolg:** Der Erfolg Ihrer Motivation ist die Resonanz Ihres Mitarbeiters. Sprüht er vor Freude und Begeisterung, haben Sie sein Herz erreicht. Um die Wahrscheinlichkeit dafür zu erhöhen, brauchen wir ...

- **Leidenschaft:** LLL steht für die drei entscheidenden Faktoren bei der Immobilien-Wertermittlung: Lage, Lage, Lage. In der Motivation steht LLL für Leidenschaft, Leidenschaft, Leidenschaft. Auch hierfür möchte ich Ihnen einige Impulse geben. Sabine und ich agieren als Team. Individuelle Geschenke besprechen wir immer gemeinsam, bzw. einer von uns diskutiert das mit dem direkten Team-Leader oder Vorgesetzten. So finden wir im Team besser und schneller das Passende, um das ZIEL der Wertschätzung zu erreichen. Sabine ist auch diejenige, die Päckchen derart liebevoll verpacken kann, dass alleine schon das Auspacken eine Freude ist.

Das sind unsere Grundlagen für die Rituale der Wertschätzung. Auf der folgenden Seite kommt eine Zusammenfassung der Inhalte, die Ihnen die Reflektion erleichtern soll.

Essenz dieses Kapitels

Die Grundlagen, warum Rituale so wertvoll sind

- [ ] Es gibt Wissensriesen und Handlungszwerge.
- [ ] Wir Unternehmer werden nur daran gemessen, was wir auch wirklich unternommen haben.

Fünf große Vorteile – und ein Nachteil, der keiner bleiben muss

- [ ] 1. Vorteil: Rituale sind hochwillkommene Wiederholungen
- [ ] 2. Vorteil: Rituale helfen Zeit und Geld sparen
- [ ] 3. Vorteil: Rituale sind die beste Markenwerbung
- [ ] 4. Vorteil: Rituale sind bestens kalkulierbar
- [ ] 5. Vorteil: Rituale stärken die kontinuierliche Verbesserung
- [ ] Nachteil: Sie als Unternehmer/Führungkraft sind der entscheidende Motivationsgeber. Wenn Ihre innere Begeisterungsenergie eher einer kleinen Kerze statt eines Bunsenbrenners gleicht, sollten Sie zuerst die Ursachen finden und diese beseitigen. Denn zur Motivation Ihrer Mitarbeiter werden Sie gebraucht.

Die richtige Stimmung für den Erfolg schaffen

- [ ] Gönnen Sie sich die Pause zur bewussten Findung Ihrer emotionalen Energie.
- [ ] Was sind die Ursachen für Ihre momentane Motivation?
- [ ] Wie können Sie diese verbessern bzw. erhöhen?
- [ ] Stecken Sie dann Ihre Mitarbeiter mit Ihrer eigenen Begeisterung an!

Drei Mittel, um begeisternd zu kommunizieren

- [ ] 1. Hilfsmittel: Nutzen Sie den Spannungsbogen, der jedem von uns Vorfreude bereitet.
- [ ] 2. Hilfsmittel: Bilder sagen mehr als Worte. Fotografieren Sie die glücklichen Momente.
- [ ] 3. Hilfsmittel: Legen Sie Ihre eigene Foto-Datenbank an.
- [ ] Alle drei Hilfsmittel kosten Sie nichts außer Zeit.

Leidenschaft statt Geld investieren

- [ ] Wir leben heute im materiellen Überfluss, aber in einer immateriellen Armut.
- [ ] Nutzen Sie diese Chance und erhöhen Sie Ihr Zeitbudget für Leidenschaft und die Auswahl der richtigen Rituale, um Ihr ZIEL zu erreichen .
- [ ] **Z** = Zeit für die Frage, WEM und für WAS Sie eine Wertschätzung geben möchten
- [ ] **I** = Interesse für Ihre Mitarbeiter in der täglichen Zusammenarbeit
- [ ] **E** = Erfolgreich sind Sie dann, wenn der Wertgeschätzte vor Freude und Begeisterung sprüht
- [ ] **L** = Leidenschaft für individuelle Wertschätzungen

2. Die Praxis

Wie Sie Ihr Team begeistern und motivieren

Lesezeit für diese Kapitel: ca. 2–3 Stunden

„Für den Erfolg musst du können und wollen, aber vor allen Dingen tun."

Unbekannte Quelle

In Kapitel 1 habe ich es Ihnen anschaulich gezeigt: In unserem Unternehmen leben wir eine Kultur der Zusammenarbeit. Wir nutzen die Stärken der Mitarbeiter und akzeptieren deren Schwächen. So lässt sich Angst abbauen und Vertrauen für eine offene, ehrliche Kommunikation und Zusammenarbeit aufbauen. Ein Unternehmensklima entsteht, indem die Mitarbeiter sich achten und respektieren, Spaß und Freude an ihren Aufgaben erleben und zu Höchstleistungen befähigt werden.

Alles wunderbar klingende Sätze, werden Sie sagen. Diese Fragen brennen Ihnen wahrscheinlich unter den Nägeln:

– *Was kann ich tun, um dieses Klima zu schaffen?*
– *Warum sollte ich das überhaupt anstreben?*
– *Mit welchen Wechselwirkungen muss ich rechnen?*
– *Und was kostet mich das Ganze überhaupt?*

Die Antworten finden Sie in diesem Kapitel, dem Praxisteil des Buches. Die zahlreichen Umsetzungsbeispiele haben wir alle selbst erprobt und über viele Jahre hinweg überarbeitet und immer wieder verbessert. Sehr viel Zeit wurde von uns in diese Rituale investiert. Diese Zeit möchte ich Ihnen heute schenken. Ich wünsche mir, dass Sie durch unsere Erfahrungen und Erfolgsimpulse dort ansetzen können, wo wir uns heute befinden. Alle Rituale der Wertschätzung dürfen Sie gerne für sich kopieren und an Ihre Bedürfnisse anpassen.

Unsere Vision heißt *„Millionen glücklicher Momente“.* Wir freuen uns sehr, wenn wir einen kleinen Anteil dazu beitragen können, dass Sie, Ihre Mitarbeiter und viele andere Menschen mehr Freude und Begeisterung bei der täglichen Arbeit erleben.

Zuerst stelle ich Ihnen einige Rituale der Wertschätzung vor, die Sie jederzeit einsetzen können. Im zweiten Teil des Kapitels folgen Rituale für jeden Monat im Kalenderjahr.

Rituale der Wertschätzung fürs ganze Jahr

Diese Rituale sind jederzeit einsetzbar, unabhängig von Jahreszeiten oder bestimmten Anlässen. Für jedes Ritual nenne ich Ihnen den Zeiteinsatz und die Kosten. Sofern ich eine Bezugsquelle empfehlen kann, gebe ich diese mit an. In Kapitel 4 finden Sie die Vorlagen, die Sie auch als Dokumente kostenlos downloaden können unter shop.marc-klejbor.de. Den entsprechenden Code verrate ich Ihnen ebenfalls in Kapitel 4.

Das **Jahres**zielgespräch

ANWENDUNG: *für alle Mitarbeiter*
ZEITEINSATZ: *1–1,5 Stunden*
KOSTEN: *keine*
ERGEBNIS: *sehr wertvolle Informationen*
EMPFEHLUNG: *sehr empfehlenswert*

Das Ritual Jahreszielgespräch ist das Herzstück der persönlichkeitsorientierten Mitarbeiterführung und somit das allerwichtigste Gespräch zwischen Mitarbeiter und Führungsmitarbeiter. Aus diesem Grund stelle ich es Ihnen ausführlich vor.

Das Ziel

Ein Rückblick auf das vergangene Jahr und ein Ausblick in die Zukunft. Während es in den laufenden Besprechungen mehrheitlich um Aufgaben und Projekte geht, ist das Jahreszielgespräch ausdrücklich nur dem Mitarbeiter und seiner persönlichen Entwicklung gewidmet. Der Mitarbeiter stellt seine Gedanken, Vorstellungen und Wünsche vor, der Führungsmitarbeiter nimmt diese zur Kenntnis und gibt ihm Feedback aufgrund seiner Beobachtungen und Empfindungen in der Zusammenarbeit.

Der Ablauf

Das Jahreszielgespräch findet einmal im Jahr statt. Bei uns ist das im September unmittelbar vor der Jahreszieltagung. Das Gespräch führt der Mitarbeiter mit seinem direkten Führungsmitarbeiter. Der Gesprächsablauf ist anhand der Fragestellung vorgegeben. Beide Seiten bereiten sich ausführlich und schriftlich darauf vor. Die zeitliche Dauer ist definiert und kann vom

Führungsmitarbeiter in Ausnahmefällen verlängert werden. Alle Inhalte werden schriftlich festgehalten.

Aufbau, Inhalt und Wechselwirkungen

Den Aufbau, den Inhalt und die Wechselwirkungen stelle ich Ihnen anhand der Vorlage *„Unser Jahreszielgespräch“* vor (siehe Seite 160).

1. Einstufung auf der Skala 1 bis 10

Zum Auftakt bewertet der Mitarbeiter seine geschäftliche und private Situation auf einer Skala von 1 bis 10. 10 steht für sehr gut und 1 für sehr schlecht. Somit kann ich als Führungsmitarbeiter auch die späteren Inhalte verständlicher nachvollziehen: Ist mein Gegenüber eher euphorisch oder pessimistisch gestimmt? Sie wundern sich über diese Offenheit? Und Sie nehmen an, dass jeder nur eine gute Bewertung abgibt? Ja, Sie vermuten richtig. Allerdings nur am Anfang, beim ersten Gespräch, wenn der Mitarbeiter noch keine Erfahrungen durch Jahresgespräche gesammelt hat. Eine Beziehung muss man über längere Zeit aufbauen. Die Offenheit resultiert aus gewachsenem Vertrauen. Und dieses Vertrauen kann sich nur dort entwickeln, wo die Angst abgebaut wird. Sie als Führungskraft können sich sehr wertgeschätzt fühlen, wenn ein Mitarbeiter Ihnen offen und ehrlich einen tiefen Einblick in seine Wünsche, Vorstellungen und kritischen Gedanken gibt.

2. Beitrag zum Ganzen

Fragen Sie einen Mitarbeiter nach seinem Beitrag zum Gesamterfolg, wird er vermutlich seine Arbeitsposition oder seinen Titel angeben. Ein Beispiel: „Mein Beitrag? Ich bin Leiter der Security."

Doch es geht nicht um Job oder Titel, sondern um den persönlichen Beitrag. Ich führe den Mitarbeiter dann zum wesentlichen Punkt: „Ich bin Leiter der Security und mein Beitrag zum Gesamterfolg ist, dass unsere Gäste sich wohlfühlen, sich sicher fühlen und sehr gerne und immer wieder unsere Disko besuchen. Wenn es mal zu Auseinandersetzungen kommt, sollten das so wenige Gäste wie möglich bemerken. Die Streithähne schützen wir vor Verletzungen, soweit es meinem Team und mir möglich ist."
Klingt schon anders, oder? Ein Mitarbeiter, der so etwas von sich sagen kann, denkt mit, denkt weiter und unterstützt auch andere Mitarbeiter in unserer gemeinsamen Vision „Millionen glücklicher Momente". Ich habe bewusst dieses Beispiel gewählt, da Sie sicherlich schon einmal eine Diskothek besucht und Ihre Erfahrungen mit der Security gemacht haben, ob positive oder weniger erfreuliche.

3. Feedback des Mitarbeiters zum vergangenen Jahr

Weiter geht es mit einem Rückblick auf das letzte Geschäftsjahr. Der Mitarbeiter schildert seine Eindrücke und Gedanken anhand der folgenden Hilfsfragen:
- *Was fand ich gut?*
- *Was sollte sich verbessern?*
- *Womit hatte ich ernste Schwierigkeiten (drei Nennungen)?*

Alle Antworten halten Sie schriftlich fest. Der Gesprächsanteil liegt zu etwa 85 Prozent beim Mitarbeiter. Er stellt seine Punkte vor, Sie hören genau hin und achten vor allen Dingen auf die Inhalte zwischen den Zeilen, also auf die emotionale Botschaft in den sachlichen Inhalten. Ich empfehle Ihnen, Rückfragen erst am Ende seiner Ausführungen zu stellen – und bitte nur inhaltliche Rückfragen! Bewertungen der Aussagen sind hier fehl am Platze.

4. Ziele des Mitarbeiters

- **Was wollen Sie dieses Jahr bzw. nächstes Jahr erreichen?**
  Eine Frage in geschäftlicher Hinsicht, gerne aber auch in privater. Die genannten Ziele dienen als Grundlage für die persönliche Mitarbeiterentwicklung. Hieraus können Sie auch Ihren Entwicklungsauftrag als *„direkter Vorgesetzter"* ableiten.
  Wenn ich heute in den Medien lese, dass viele Mitarbeiter sich unterfordert fühlen oder den Arbeitsplatz wechseln, weil ihre Kompetenzen nicht gefördert werden, dann liegt hier die Ursache. Eine Ihrer Hauptaufgaben als Führungskraft ist es ja, den Mitarbeiter gemäß seiner Stärken und Schwächen zu fordern und zu fördern.

- **Was streben Sie in den kommenden drei Jahren an?**
  Wiederum fragen Sie geschäftliche und private Ziele ab. Sie erkennen, wohin sich Ihr Mitarbeiter mittelfristig entwickeln möchte. Sie können besser planen, wann er welche Förderung erhält und welche Projekte bereits im folgenden Geschäftsjahr förderlich zur Erreichung seiner Ziele sind. Dadurch spürt der Mitarbeiter, dass Sie sich für ihn interessieren und ihm eine ernsthafte Förderung ermöglichen. Für Sie als Führungskraft bedeutet es eine ungemeine Entlastung, wenn Sie die Entwicklungsziele kennen. Sie wissen jetzt, ob und wie Ihr Mitarbeiter intrinsisch motiviert ist, also von innen heraus, aus eigenem Antrieb.

- **Welche Ziele haben Sie sich für die nächsten fünf Jahre vorgenommen?**
  Hier gilt das Gleiche wie bei der vorherigen Frage. Aber: Bei den Zielen für das kommende Jahr oder die nächsten drei Jahre können viele noch recht schnell antworten. Bei fünf Jahren stoßen einige bereits an ihre Grenzen.

- **Und schließlich: Wie sehen Ihre Ziele für die kommenden sieben Jahre aus?**
  Eine harte Nuss für viele Mitarbeiter. Ihre persönliche Vorstellungsgrenze ist erreicht. Ich kann Ihnen aus meiner Erfahrung als Vortragsredner sagen, dass selbst gestandene erfolgreiche Menschen auf diese Frage ratlos reagieren. Das hätten sie sich selbst noch nie gefragt, bekomme ich meistens als Antwort.

Die Ursache für diese Ratlosigkeit ist wieder ganz einfach: Man hat sich bisher die Zeit dafür nicht genommen. Ich empfehle es Ihnen aber von Herzen, sich diese Fragen zu stellen:

Dies sind ganz einfache Fragen, die Sie auch ganz einfach beantworten werden, wenn Sie sich damit beschäftigen. Bitte sehen Sie das als Weg und nicht als Dogma. Wünsche und Träume kommen aus dem Herzen und selten aus dem Ego. Es soll eine Lust und keine Last sein, sie Wirklichkeit werden zu lassen. Dieses Geschenk können nur Sie sich selbst machen. Und ich wünsche Ihnen, dass Sie Lust verspüren, sich dieses Geschenk auch wirklich zu ermöglichen. Wie? Tun Sie es einfach! Nehmen Sie ein leeres Blatt, einen Stift und schreiben Sie Ihre Gedanken zu diesen Fragen auf. Begeben Sie sich dafür an einen Ort, an dem Sie ungestört vor sich hin träumen können, und lassen Sie Ihre Gedanken fließen wie die Wolken am Himmel. Diese ziehen fort und machen Platz für andere, neue.

So bitte nicht sondern geben Sie als Führungskraft Hilfestellung bei Unklarheiten und hören Sie gut zu und hin.

5. Feedback des Führungsmitarbeiters

Im dritten Teil des Jahreszielgesprächs gibt der Führungsmitarbeiter Feedback zu den Leistungen, Erfahrungen und Empfindungen in der Zusammenarbeit mit dem Mitarbeiter im vergangenen Jahr.

6. und 7. Zielformulierung und Terminvereinbarung

Abschließend wird eine gemeinsame Zielformulierung für das kommende Jahr erarbeitet. Alle sich aus dem Gespräch ergebenden Aufgaben werden schriftlich festgehalten und fest vereinbart. Danach wird der Termin für das Halbjahreszielgespräch vereinbart.

ERFOLGSIMPULS

Jahreszielgespräche

Das Ritual Jahreszielgespräch ist das Herzstück der persönlichkeitsorientierten Mitarbeiterführung und somit das allerwichtigste Gespräch zwischen Mitarbeiter und Führungsmitarbeiter. Hier habe ich vier wirksame Erfolgsimpulse für Sie zusammengestellt.

Bild links: Marc Klejbor und Julija Timofeeva

Erfolgsimpuls 1: Gesprächsprotokoll einfach erstellen

Um wertvolle Zeit zu sparen, bitten Sie Ihre Mitarbeiter vorab, die vorbereitenden Angaben in das Word-Dokument „Jahreszielgespräch" einzutragen und Ihnen zu mailen. Sie können dann Ihre Punkte ergänzen und erhalten auf diese Weise ein gemeinsames Gesprächsprotokoll, ohne dass jemand Drittes anwesend sein muss. Diese dritte Person könnte zudem die vertrauliche Atmosphäre stören.

Erfolgsimpuls 2: Selbst die Umsetzung vorleben

„Der Fisch stinkt zuerst am Kopf", sagt eine alte Weisheit. Wenn Sie nur reden und empfehlen, sich aber selbst nicht mitentwickeln – sprich: sich ebenfalls überlegen, was Sie in einem, drei, fünf oder sieben Jahren erreichen möchten –, werden Ihre Mitarbeiter das schneller spüren, als Sie denken. Eine kurze Zwischenfrage von einem Mitarbeiter zwischen Tür und Angel und Ihre Empfehlungen verpuffen wie Schall und Rauch. Alle hier geschilderten Erfahrungen und Tipps dienen nur einem Zweck: Sie sollen Ihnen bei Ihrer Umsetzung helfen. Nur so können Sie mitreden, neue Impulse liefern und mit Ihren Energien das Team stärken. Leben Sie Ihren Mitarbeitern die Umsetzung vor, sie werden Ihnen gerne folgen. Fangen Sie bei sich an und erweitern Sie langsam den Kreis um die Führungsmitarbeiter. Hier gilt das Gleiche wie überall im Leben: In der Ruhe liegt die Kraft. Sie haben noch viele Jahre vor sich, daher überholen Sie sich bitte nicht selbst, sondern konzentrieren Sie sich auf das Wichtigste – auf sich und Ihre Mitarbeiter.

Erfolgsimpuls 3: Private Motive gemeinsam ergründen

Mitarbeiter, die zu privaten Dingen nichts oder nur wenig äußern möchten, haben ihre Gründe dafür. Ihr Interesse als Führungskraft sollte sein, gemeinsam mit dem Mitarbeiter die Ursachen dieses Verhaltens zu ergründen. Häufig handelt es sich um unbewusste Handlungen, die auf negativen Erfahrungen basieren. Alle Handlungen leiten sich aus Gedanken und Erfahrungen her. Und die Energiequelle, quasi das Handlungsmotiv hinter diesen Gedanken, ist entweder *„Angst"* oder *„Liebe"*. Das Wort

„Liebe" benutze ich hier nach dem Zitat von Josef Schmidt, Gründer des SchmidtColleg: *„Arbeit ist sichtbar gemachte Liebe."* Sobald Sie das für sich als richtig annehmen, wird Führung ganz einfach. Da dies aber kein Sachbuch über Führung ist, belassen wir es dabei.

Erfolgsimpuls 4: Mit Entschiedenheit führen

Wir arbeiten in unserem Unternehmen mit einer Zeitkultur. Diese sieht unter anderem vor, dass die Gesprächszeiten im Vorfeld festgelegt und eingehalten werden müssen. Ferner sollte sich jeder Teilnehmer ausreichend vorbereiten. Die Vorbereitung hat nicht nur im Kopf, sondern auch schriftlich zu erfolgen. Diese einfachen Vorgaben verbessern die Zusammenarbeit erheblich. Doch was tun Sie, wenn ein Mitarbeiter vor Ihnen sitzt und sagt: *„Ich habe alles im Kopf"?* Entscheiden Sie sich, ob Sie das tolerieren. Fordern Sie für das nächste Mal eine schriftliche Vorbereitung einen Tag vorher per E-Mail oder grundsätzlich immer? Die Entscheidung liegt bei Ihnen. Da wir bereits seit vielen Jahren mit dem Ritual *„Jahreszielgespräch"* arbeiten, konnte ich mich selber in meiner Führung bewusst finden. Heute breche ich nach zwei Minuten ein Jahreszielgespräch ab, wenn ich merke, dass mein Gegenüber – aus welchem Grund auch immer – nicht vorbereitet ist. Ich breche ab, weil ich weiß, dass wir nicht das bestmögliche Ergebnis erreichen werden. Es bleiben Erkenntnisse, Wünsche und Gedanken offen, weil sie meinem Mitarbeiter noch nicht bewusst sind. Also verschieben wir das Gespräch auf einen anderen Termin. Es kann gut sein, dass der Nachholtermin aus terminlichen Gründen meinerseits erst acht Wochen später stattfindet. Freiheit erfordert Verantwortung, und ich übernehme dann möglichst klar die Führungsverantwortung. Vermutlich hat der schlecht vorbereitete Mitarbeiter die Chancen und Möglichkeiten dieses Rituals noch nicht wirklich verinnerlicht. Ein zwangloser Dialog zwischen ihm und einem in diesem Punkt erfahrenen Mitarbeiter könnte weiterhelfen. Wenn sich sein Verhalten wiederholt, hält er wahrscheinlich andere Dinge für wichtiger als sich selbst. Solche Mitarbeiter tendieren zu Aufopferung bis hin zu Überforderung und Depression. Hier sollte man als Führungskraft im positiven Sinne des Mitarbeiters vorsorgen.

Das **Halbjahres**zielgespräch

ANWENDUNG: *für alle Mitarbeiter*
ZEITEINSATZ: *0,75–1 Stunde*
KOSTEN: *keine*
ERGEBNIS: *sehr wertvolle Informationen*
EMPFEHLUNG: *sehr empfehlenswert*

Nach sechs Monaten ist es Zeit für die Halbjahresanalyse. Gemeinsam betrachten wir die Ziele des Mitarbeiters aus dem Jahreszielgespräch. Wie lief es bislang? Was sollten wir verbessern oder neu anpassen und vereinbaren? Das Halbjahreszielgespräch sollte rund die Hälfte der Zeit des Jahreszielgesprächs dauern. Die Vorlage finden Sie ebenfalls in der Anlage.

Das schriftliche Lob

ANWENDUNG: *für alle Mitarbeiter*
ZEITEINSATZ: *gering*
KOSTEN: *keine*
ERGEBNIS: *nachhaltige Wirkung*
EMPFEHLUNG: *sehr empfehlenswert*

Wissen Sie, was ich an handwerklichen Berufen wie Tischler, Bäcker oder Bauarbeiter so liebe? Die sichtbaren Ergebnisse der Handlung. *„Arbeit ist sichtbar gemachte Liebe“*, das Zitat von Josef Schmidt gilt auch hier. Der Opa kann also mit seinem Enkel durch die Stadt spazieren und zeigen, welche Häuser er gebaut hat.

Diese Möglichkeit habe ich als Unternehmer in Dienstleistungsbereichen nicht. Wir bieten in unseren Firmen Service und Dienstleistungen für andere Menschen an. Die Kundenerwartung wird von uns hoffentlich übertroffen und ab und zu erreicht uns ein schriftliches Lob dafür. Ansonsten bleibt das Ergebnis unsichtbar und nicht anfassbar, nur in der Erinnerung hat es Bestand – als immaterieller Nutzen.

Für eine erfolgreiche Mitarbeiterführung sind Zeit und Kommunikation ganz wesentliche Erfolgsgaranten. Und diese beiden Faktoren sind ebenfalls unsichtbar und nicht anfassbar. Einmal Gesagtes oder Passiertes lebt nur noch in unserer Erinnerung fort. Zeit vergeht und lässt sich nicht wiederholen. Denn schon wartet die nächste Aufgabe auf uns. Erinnert Sie das an Ihren Arbeitsalltag?

Schriftliches Lob währt am längsten

Doch es gibt eine Lösung: das Prinzip der Schriftlichkeit. Wenn Sie die wesentlichen Punkte in der Zusammenarbeit schriftlich festhalten, verbessert das die Zusammenarbeit und hat auch eine sehr motivierende Wirkung. Deshalb ist es für mich ein Ritual der Wertschätzung. Ein mündliches Lob hört jeder gerne, es entfaltet seine stärkste Wirkung in dem Moment, in dem es passiert. Anschließend verblasst diese Emotion, bis sie schließlich fast vergessen ist. Doch kann diese Motivation in der Wirkung verlängert werden: Verschriftlichen Sie das Lob und überreichen Sie den Brief im Anschluss an das Gespräch dem Mitarbeiter. Er kann sich das Lob immer wieder anschauen und nachlesen. Außerdem kann er die von Ihnen erhaltene Anerkennung mit anderen Menschen teilen, denn sie ist für Dritte nachvollziehbar. So wird er auch von diesen Menschen Anerkennung erhalten. Das sorgt für ein sehr positives Gefühl von Stolz auf die eigene Leistung. Ein schönes Beispiel, das ich in der Zeitung las: Carolyn Robb, die ehemalige Köchin von Prinz Charles, hebt bis heute die kleinen Zettel auf, die er ihr in die Küche schickte, um sich für ihre Kreationen zu bedanken. So kostbar kann auch Ihr Lob werden.

Die Fehler**freudigkeit**

ANWENDUNG: *für alle Mitarbeiter*
ZEITEINSATZ: *gering*
KOSTEN: *keine*
ERGEBNIS: *sehr wertvolle Informationen*
EMPFEHLUNG: *sehr empfehlenswert*

Menschen machen Fehler. Je mehr wir arbeiten, desto mehr Fehler machen wir. Diese einfache Weisheit kennen sicherlich fast alle erfahrenen Führungskräfte. Aber warum beherzigen sie so wenige?

Wenn Sie Mitarbeiter befragen, was ihre größten Ängste bei der Arbeit sind, dann hören Sie die Antworten *„Arbeitsplatzverlust"* und *„Angst vor Fehlern".* Die erste Antwort kann ich nachvollziehen, hier haben unsere Medien in Deutschland ganze Arbeit geleistet. Die Erfahrung *„Angst vor Fehlern"* durfte der Mitarbeiter ganz alleine sammeln. Immer und immer wieder. Er wird sich auch noch sehr gut an diese Momente erinnern können. Warum? Weil Emotionen im Spiel sind.

Die stärksten negativen Emotionen beim Vorgesetzten bekommen die Mitarbeiter dann zu spüren, wenn etwas schiefläuft. Dem Chef scheint die Halsschlagader zu platzen, seine Laune bewegt sich im tiefroten Bereich. Wäre er ein Motor, würde er bei über 9.000 Umdrehungen pro Minute drehen. Das überlebt auf Dauer kein Motor. Und der Chef auch nicht. Die Kommunikation wird lauter, das Vokabular gleitet ins Negative ab. Ist das nicht verrückt?

Als ob uns der Mitarbeiter nur auf diese Weise richtig verstehen würde. Mit unserem Verhalten erreichen wir aber genau das Gegenteil. Der Mitarbeiter

schaltet ab, er geht auf Überlebensmodus. Links rein, rechts raus. Flach atmen und mentale Ritterrüstung an. Gleich ist es vorbei und dann erst mal durchatmen. Leider ist das Alltag in vielen Unternehmen. Schade!

Vielleicht denken Sie ja von sich, dass Sie ein emotionaler Mensch sind und einfach nur Ihrem Charakter Raum geben, wenn Ihnen der Kragen platzt. Aber wie agieren Sie bei Erfolg? Spürt der Mitarbeiter die positive Emotion dann genauso bei Ihnen? Wie lange jubeln Sie? Nur einen kurzen Moment oder mindestens genauso ausgiebig wie in der roten Phase? Sie haben die Wahl. Wie möchten Sie führen? Wollen Sie dem Ritual der Fehlerfreudigkeit eine Chance geben?

Fehlerfreudigkeit bei uns bedeutet: Fehler dürfen gemacht werden, denn sie sind die Chance auf zukünftigen Erfolg.

Der gleiche Fehler sollte kein zweites Mal passieren. Deshalb muss darüber kommuniziert werden. Wir ehren monatlich den *„Fehler des Monats"*, wobei dieser bei uns *„KVP des Monats"* (Kontinuierlicher Verbesserungsprozess) heißt.

Entspannt über Fehler reden und aus ihnen lernen

Das Prinzip der Fehlerfreudigkeit ist eine der größten Herausforderungen an Sie als Führungskraft. Tiefenentspannt und mit einer großen Portion Verständnis und Klarheit den Geschehnissen zu begegnen, ist eine vorbildliche Führungskompetenz. Ich befinde mich selber auf dem Weg dorthin. Mal gelingt es mir, mal nicht. Erst die Analyse, warum es mir gelang und warum nicht, bringt mich einen kleinen Schritt weiter in der Weiterentwicklung meiner Führungskompetenz. Wenn ich die Erlebnisse nicht analysiere, bleibe ich an diesem Entwicklungspunkt so lange stehen, bis ich mir die Reflektionszeit gönne.

Wenn Sie Lust haben, das Ritual der Fehlerfreudigkeit zu leben, sollten Sie dies offiziell Ihrem Team mitteilen. Sagen Sie dazu, dass es sich um ein Ziel handelt, Sie sich also gemeinsam mit ihm auf den Weg begeben. Das bedeutet nämlich, dass sich anfangs mit hoher Wahrscheinlichkeit spürbar viel verändern wird, weil die Erinnerung an Ihre Mitteilung noch sehr wach ist.

Aber entscheidend ist, was sich in vier, acht oder zwölf Wochen spürbar verändert hat. Lassen Sie sich von Ihren Mitarbeitern Feedback geben, speziell in diesem Ritual. Beschließen Sie gemeinsam die Feedback-Termine und die Feedback-Form. Damit signalisieren Sie, dass Ihnen das Miteinander in der Zusammenarbeit enorm wichtig ist.

Das ist unser WOWlie für den kontinuierlichen Verbesserungsprozess. Wir haben ein eigenes „WOWlie-System" entwickelt. Da uns der WOWlie Stimmungen und Gefühle zeigen, erkennen und wahrnehmen hilft, sorgt er für eine offene Kommunikation und ein Wohlfühl-Arbeitsklima. Und weil wir mit unserem WOWlie so viel Spaß haben, hat er eine eigene Website (www.wowlie.de).

WOWlie *(den kennen Sie schon)* | **OKlie** *(den auch)* | **NAJAlie** | **WEINlie** | **HEULie**

Danke

Gute Besserung

Die **Visiten**karte

ANWENDUNG: *für alle Mitarbeiter*

ZEITEINSATZ: *gering, wenn Grafikkompetenz im Team vorhanden*

KOSTEN: *20–50 Euro für 1.000 Stück, je nach Format*

ERGEBNIS: *hoher Stolzfaktor*

EMPFEHLUNG: *empfehlenswert*

Die gute alte Visitenkarte. Angesichts von Smartphone, Facebook und tausend anderen neuen Kontaktmöglichkeiten sollte man meinen, dass sie eigentlich ausgedient hat. Aber gerade beim Erstkontakt zwischen Menschen beobachte ich, dass der Austausch der kleinen Pappkärtchen immer noch ein besonderes Ritual ist. Wir geben unserem Gegenüber etwas Persönliches und Bleibendes von uns in die Hand.

Aus diesem Grund bleibt uns die Visitenkarte sicherlich noch lange Zeit erhalten. In jedem Fall erhöhen Sie mit einer Visitenkarte den Stolzfaktor beim Mitarbeiter. Vor allem bei den Jüngsten im Unternehmen, den Auszubildenden, die ihre persönlichen Visitenkarten nach erfolgreicher Beendigung ihrer Probezeit erhalten. Die Älteren in unserem Team reagieren eher abgeklärt. Doch selbst ihnen macht es sichtbar Freude, wenn sie anderen ihre persönliche Visitenkarte überreichen können – gerade, wenn es sich um Arbeitspositionen handelt, bei denen das nicht erwartet wird, zum Beispiel Handwerk, Lager oder Hausverwaltung. Sie glauben, diese Mitarbeiter hätten keinen Kundenkontakt und bräuchten keine Karten? Dann denken Sie ein Stück weiter. Jeder Mitarbeiter kann jederzeit mit einem Kunden in Kontakt treten. Ob geschäftlich oder privat. Selbst beim OBI an der Kasse könnte der Lagerist einen Kunden akquirieren, den er gerade im netten Gespräch kennengelernt hat.

Kostenmäßig spielen Visitenkarten keine große Rolle mehr. Die Druckkosten haben sich dank Online-Druckereien unglaublich reduziert. Vor 20 Jahren zahlte ich für meine ersten Visitenkarten im Einfarbdruck stolze 500 DM. Heute kosten 1.000 Stück im Vierfarbdruck nur noch 20 Euro.

Auf den Punkt gebracht: Die Visitenkarte ist heutzutage im Preis-Leistungs-Verhältnis hervorragend. Ihr immaterieller Wert für den Mitarbeiter übersteigt die materiellen Produktionskosten bei Weitem.

Das Geburtstags**geschenk**

ANWENDUNG: *für alle Mitarbeiter*
ZEITEINSATZ: *1 Stunde pro Jahr*
KOSTEN: *je nach gesetztem Budget*
ERGEBNIS: *nette Geste*
EMPFEHLUNG: *empfehlenswert*

Wir beschäftigen über 140 Mitarbeiter, also feiern wir rein statistisch jede Woche 2,7 Geburtstage. Damit wir die Übersicht behalten und kein Gefühl von Bevorzugung aufkommt, haben wir alle Mitarbeiter in drei Gruppen eingeteilt:
Gruppe 1: Teilzeit-, Vollzeit- und Führungskräfte
Gruppe 2: Auszubildende
Gruppe 3: geringfügig beschäftigte Mitarbeiter

Einmal pro Jahr legen wir die Geburtstagsgeschenke pro Gruppe gemeinsam mit unseren Führungskräften fest. Die Geschenke für die Führungskräfte wählen meine Frau Sabine und ich aus. Bei den Kosten redet das Finanzamt ein Wörtchen mit, und zwar beim „geldwerten Vorteil". Dieser liegt derzeit bei 35 Euro. Das heißt, die jährlichen Zuwendungen von Arbeitgeber zu Arbeitnehmer sind bis zur Höhe dieses Betrags steuerfrei. Folglich ist dem monetären Geschenk eine Grenze gesetzt, der Kreativität und Leidenschaft jedoch nicht. Sie dürfen Ihrem Mitarbeiter bis zu 35 Euro in bar schenken oder verschiedene Teilgeschenke im Gesamtwert von 35 Euro.

Wir verschenken in der Regel:

- eine Geburtstagskarte **mit persönlichen Worten und Empfehlungen passend zur aktuellen Lebensphase**
- einen Gutschein von Amazon
- einen frisch gebundenen Blumenstrauß **in der Lieblingsfarbe oder Lieblingsblumensorte des Beschenkten** und

– eine gut gekühlte Flasche **des vom Mitarbeiter bevorzugten** Sekts (manche Damen trinken lieber Rosé-Sekt).

Auch beim Schenken kommt es auf das Wie und nicht unbedingt auf das Was an. Mitarbeiter sprechen mich noch Monate später an, zum Beispiel auf der Weihnachtsfeier: „Dankeschön, dass Sie an mich gedacht haben. Sie waren doch im Urlaub. Über Ihren Anruf habe ich mich sehr gefreut." Dafür ist nur ein wenig Organisation erforderlich: Tragen Sie sich die Geburtstage Ihrer Mitarbeiter in Ihrem Kalender ein. Und denken Sie auch an die aktuellen Kontaktdaten wie Mobilnummer und E-Mail-Adresse.

Mit den folgenden fünf Tipps vergessen Sie keinen Geburtstag mehr:

1. Erinnerungsservice nutzen: Lassen Sie sich drei Tage vorher erinnern. Die Standardeinstellung in Outlook ist auf „15 min vor dem Termin" eingestellt.

2. Farblich markieren: Tragen Sie die Geburtstage „ganztägig" ein und verwenden Sie für den Kalendereintrag eine eigene Farbe. So finden Sie ihn besser.

3. Gedächtnis trainieren: Vor einer längeren Abwesenheit, zum Beispiel vorm Urlaub, schauen Sie kurz in Ihren Outlook-Kalender, wer wann Geburtstag hat. Damit laden Sie Ihr Gedächtnis ein, Sie daran zu erinnern. Checken Sie auch, ob Sie die aktuellen Kontaktdaten der Geburtstagskinder im Handy gespeichert haben.

4. Persönlichen Text formulieren: Verwenden Sie keine Textvorlagen und lassen Sie immer Ihre aktuellen Erlebnisse oder Aufenthaltsorte mit einfließen. Das schützt vor den Kopier-Standardfloskeln. Nur Persönliches wirkt persönlich!

5. Grüße selbst verschicken: Versenden Sie Ihre Geburtstagsgrüße stets selbst. Das dauert nur wenige Minuten und erspart Ihnen demotivierende Wechselwirkungen. Dieser Tipp hat einen persönlichen Hintergrund. Früher ließ ich Geburtstagsgrüße in meiner Abwesenheit von meiner Assistentin erledigen. Bis zu diesem Vorfall: Ein DJ erhielt zwei Jahre hintereinander seinen Gruß einen Monat zu früh. Auf einer Feier sprach er mich darauf an. Für mich war besonders peinlich, dass ich von der ganzen Sache nichts wusste. Seitdem schreibe ich alle Grüße selbst.

Die Erster-Arbeitstag-**Wundertüte**

ANWENDUNG: *für alle neuen Auszubildenden*
ZEITEINSATZ: *2 Stunden*
KOSTEN: *rund 50 Euro*
ERGEBNIS: *herzliche Überraschung*
EMPFEHLUNG: *sehr empfehlenswert*

Erinnern Sie sich noch an Ihren ersten Schultag in der Grundschule? Die Schultüte war fast größer als Sie und voller wichtiger Hilfsmittel und Süßigkeiten. Diese Erinnerung lassen wir wieder aufblühen mit diesem Ritual der Wertschätzung. Am ersten Arbeitstag begrüßen das Führungskräfteteam und die Auszubildenden aus dem zweiten und dritten Lehrjahr die Neuen. In der Schultüte befinden sich die folgenden Überraschungen und Hilfsmittel für die dreijährige Ausbildung:

1. Terminer: Ein Jahreskalender (ein Blatt pro Tag), der zum eigenen Terminer verwandelt wird. Alle Erkenntnisse und Erfahrungen soll der Azubi hier selbstständig eintragen. So fällt ihm das Ausfüllen des Berichtshefts leichter. Alles nach dem Motto: *„Wer sich selbst nicht organisieren kann, wird auch keine Verantwortung für andere übernehmen können."*

2. Gutscheine für Seminare: In unserem Unternehmen leben wir eine Weiterbildungskultur. Ständige Weiterentwicklung erhöht die Wahrscheinlichkeit, auch morgen erfolgreich zu sein. Parallel zur dualen Ausbildung in Deutschland mit Berufsschulunterricht und Praxiserfahrungen durch die Mitarbeit im

Unternehmen bieten wir noch zwei weitere Säulen an:

- Unsere unternehmenseigene Leadership-Akademie mit rund 60 Vorträgen und Seminaren pro Jahr. Rund 600 Teilnehmer – ausschließlich Mitarbeiter – besuchen sie kostenlos. Wir zahlen die Referenten, und die Mitarbeiter besuchen die Weiterbildungen in ihrer Freizeit. In den ersten drei Monaten erhalten die neuen Klejborianer Weiterbildungen, unter anderem zu den Themen Selbstorganisation, Anstand und Ethik, Klejbor's Denkweise, Organisation und Qualitätsmanagement.
- Unser Mitarbeiter-Entwicklungssystem, das speziell auf die individuellen Bedürfnisse und Themen der Einzelnen abzielt. Das die persönlichen Stärken des Mitarbeiters entdeckt, fördert und so das volle Potenzial zur Verfügung stellt.

3. Buch *„Die Mäuse-Strategie"*: Ein wertvolles Buch mit einer unterhaltsamen Mäusegeschichte, die dem Leser verdeutlicht, welche Chancen und Risiken die individuellen Sichtweisen und Entscheidungen im Leben mit sich bringen.

4. Kleine wichtige Hinweise für die Ausbildung: Schuhcreme für stets geputzte Schuhe, Kondom (*„Never f**k the crew!"*), Zahnbürste & Zahnpasta für ein stets frisches Lächeln, Traubenzucker für den Energieschub, den man beim Wechsel von der Schulbank ins Berufsleben braucht, Gutscheine für Baumarkt, Friseur, Fitnessclub und Vergünstigungen mit der Mitarbeiterkarte bei Kooperationspartnern vor Ort. Und natürlich: ein paar Süßigkeiten.

Unsere Auszubildenden 2013 – voller Spannung und Erwartungen: Mandy Ritter, Dirk Sassmannshausen, Elisa Patti,

Die

Partner-Analyse

ANWENDUNG: *für alle neuen Bewerber*
ZEITEINSATZ: *1 Stunde*
KOSTEN: *keine*
ERGEBNIS: *sehr wertvolle Informationen*
EMPFEHLUNG: *sehr empfehlenswert*

Die Partner-Analyse ist der erste Schritt in eine persönlichkeitsorientierte Mitarbeiterführung. Wir haben den Impuls *„Partner-Analyse"* vom SchmidtColleg im Seminar UnternehmerEnergie erhalten und den Vorlagebogen nach unseren Bedürfnissen angepasst. Besonders wertvoll wird die Partner-Analyse wenn Sie in Ihrem Unternehmen mit zwei Führungsebenen arbeiten.

Warum verwenden wir die Partner-Analyse, welche Vorteile bietet sie?

1. Wertvolle Informationen während der Bewerbungsphase

Der Bewerber muss selbstständig seine Stärken und Schwächen angeben. Oder seine persönlichen, fachlichen und führungsbezogenen Kompetenzen. Das hilft uns im Bewerbungsprozess, die richtigen Rückfragen und Aufgaben zu stellen. Unser gemeinsames Ziel ist es, einen Mitarbeiter einzustellen, der Spaß und Freude an der Arbeitsposition hat und sich mit unserer Kultur der Zusammenarbeit identifizieren kann. Die Zeiten für „Söldner" sind in der Dienstleistungsbranche vorbei. Es reicht nicht, dass Mitarbeiter ohne wirkliche Leidenschaft etwas erledigen. Auf dem Weg von der Einstellung über die Zusammenarbeit als Mitarbeiter bis hin zum Mitunternehmer ist die offene, ehrliche Selbstbewertung für uns eine wertvolle Grundlage.

2. Wertvolle Informationen für die Zusammenarbeit

Was sind seine Hobbys und Vorlieben, was mag er gar nicht? Diese Angaben helfen uns auch, ihm die richtigen Rituale der Wertschätzung zu schenken. Natürlich erfahren wir im Laufe der Zusammenarbeit erheblich mehr über seine Persönlichkeit, aber dies ist der Anfang.

3. Informationen für andere Führungskräfte

Wir agieren mehrheitlich mit den Stärken unserer Mitarbeiter. Das kann bedeuten, dass für ein Projekt Mitarbeiter aus verschiedenen Teams (Abteilungen) zusammenarbeiten, die sich vorher nicht näher kannten. Oder dass die Projektführung einem Mitarbeiter übertragen wird, der speziell für diese Herausforderung der am besten geeignete Verantwortliche ist. Mithilfe der Partner-Analyse kann er sich schnell ein Bild über die einzelnen Mitarbeiter machen.

Wir setzen drei Formen von Partner-Analysen ein:

- Die Vorlage für Profis, also Bewerber für eine Voll- oder Teilzeitbeschäftigung, die fachlich fit sind.
- Die Vorlage für Auszubildende, die eine Ausbildung in einem der derzeit fünf IHK-Ausbildungsberufe wünschen.
- Die Vorlage für Bewerber, die uns als geringfügig Beschäftigte im Abendbetrieb in einem der Leistungsbereiche unterstützen möchten.

Eine Vorlage für die Partner-Analyse finden Sie im Anhang auf Seite 171.

Das **Quartals**-Meeting

ANWENDUNG: *für alle Mitarbeiter*
ZEITEINSATZ: *5 Stunden (2 Stunden Vorbereitung + 3 Stunden Durchführung)*
KOSTEN: *5 Euro pro Person für Frühstück inkl. Getränke*
ERGEBNIS: *bessere interne Kommunikation*
EMPFEHLUNG: *sehr empfehlenswert*

Um die Mitarbeiter dauerhaft an den Unternehmensentwicklungen teilhaben zu lassen, führen wir zwei Rituale durch. Das erste umfasst die *„Quartals-Meetings"*, das zweite die *„Crew-News"*.

An jedem zweiten Dienstag im neuen Quartal stellt die Unternehmensführung die Entwicklungen des Unternehmens allen interessierten Mitarbeitern vor. Ab 8:30 Uhr gibt es ein gemeinsames Frühstück, um 9:00 Uhr geht es dann los. Wir präsentieren und diskutieren bis 11:30 Uhr:

- *Welche Ziele haben wir erreicht?*
- *Was lief gut?*
- *Welche Dinge sollten wir verbessern?*
- *Was kommt auf uns zu?*

In der Regel stellen drei Projektleiter ihr aktuelles Ergebnis und ihre momentanen Herausforderungen vor. Anschließend beantworten die Führungskräfte alle offenen Fragen des Teams. Uns von der Unternehmensführung ist es sehr wichtig, eine lebendige interne Kommunikation über alle Führungsebenen hinweg vorzuleben. Daher kann bei den Quartals-Meetings auch ein Auszubildender direkt die Unternehmensführung ansprechen, statt den *„Dienstweg"* über die erste Führungskraft zu gehen.

Ein Mitarbeiter kann sich nur dann mit dem Unternehmen identifizieren, wenn er über alle wesentlichen Ergebnisse informiert ist. Diese Informationen sollte er aus erster Hand erhalten und nicht, wie bei dem Spiel *„stille Post“*, in einer durch mehrfaches Weiterreichen veränderten Form.

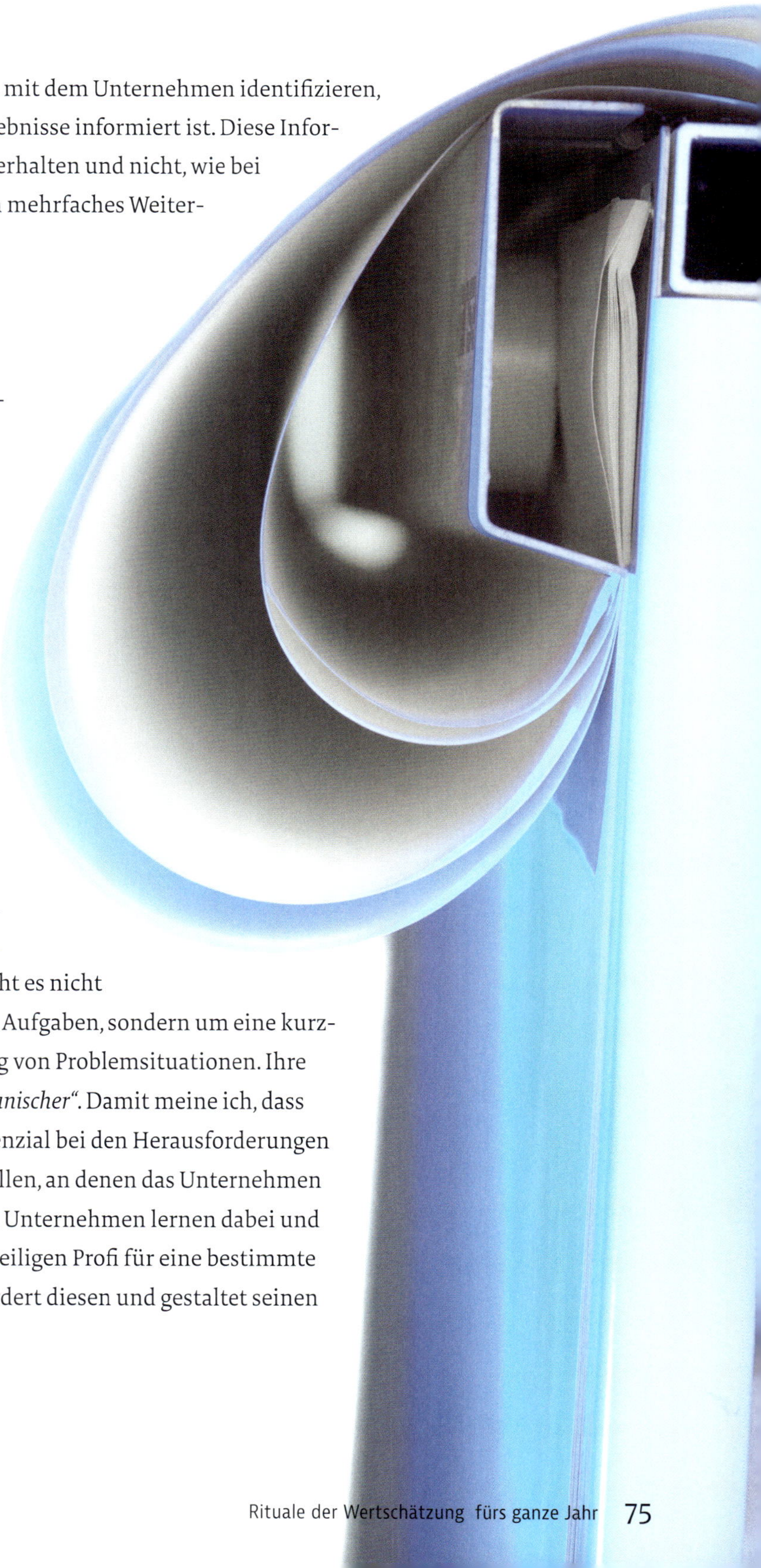

Wechselwirkungen erwünscht

Durch diese Quartals-Meetings fördern wir bei den Mitarbeitern das Über-den-Tellerrand-hinaus-Denken. Jetzt erfahren sie auch Inhalte aus den anderen Leistungsbereichen und können sich mit ihren Gedanken und Ideen einbringen. Auf diese Weise sind schon viele wertvolle Kooperationen entstanden, die dann Lösungen für die jeweilige Herausforderung hervorbrachten.

Sie brauchen keine Angst zu haben, dass plötzlich die Buchhalterin den Empfang übernimmt. Denn hier geht es nicht um die dauerhafte Übernahme von Aufgaben, sondern um eine kurzzeitige Zusammenarbeit zur Lösung von Problemsituationen. Ihre Mitarbeiter agieren insgesamt *„organischer“*. Damit meine ich, dass jeder noch stärker sein Stärkenpotenzial bei den Herausforderungen entfalten kann. Nämlich an den Stellen, an denen das Unternehmen oder das Team ihn benötigt. Alle im Unternehmen lernen dabei und sprechen in Zukunft direkt den jeweiligen Profi für eine bestimmte Problematik an. Das fordert und fördert diesen und gestaltet seinen Arbeitsalltag noch lebendiger.

Die

Crew-News

ANWENDUNG: *für alle Mitarbeiter*
ZEITEINSATZ: *2 Stunden für die Erstellung*
KOSTEN: *keine*
ERGEBNIS: *bessere interne Kommunikation*
EMPFEHLUNG: *empfehlenswert*

Stellen Sie sich vor, jemand ruft an und lobt Sie für eine bestimmte Leistung, über die in der Zeitung berichtet wird. Auch das Foto sei ja super getroffen. Sie freuen sich und gucken direkt in die Zeitung, um den Artikel zu lesen.

Diese Neugierde und Euphorie nutzen wir mit diesem Ritual. Wir sind ein kleines Unternehmen und können uns einen eigenen Redakteur, der über Ergebnisse und Erlebnisse aus den vergangenen vier Wochen berichtet, nicht leisten. Das ist aber auch nicht notwendig, denn wir haben ja die Crew-News.

Ein Mitarbeiter, meistens ein Auszubildender, leitet das Projekt Crew-News, weil es ihm Spaß macht, die Inhalte aufzubereiten und per E-Mail an alle zu versenden. Die nötigen Informationen erhält er auf zwei Arten:
- Die Mitarbeiter mailen ihm die Erlebnisse zu: ein Foto mit kurzem Text.
- Er knipst selbst Fotos von Erlebnissen, die er beobachtet.

Die Crew-News glänzen durch wenig Text, aber viele tolle Fotos. Unsere Mitarbeiter werden humorvoll unterhalten und informiert. Die News erscheinen ausschließlich online per E-Mail. Früher gab es jedes Quartal eine neue Ausgabe, heute monatlich. Falls es einmal nur wenig zu berichten gibt, erscheint die Ausgabe direkt für zwei Monate.

Ausgabe August 2013

Klejbor's Crew-News

Liebe Klejborianer,

die Sommerferien sind vorbei und auch der Sommer neigt sich langsam dem Ende zu. Aus diesem Grund noch einmal die Highlights der schönsten Jahreszeit für Euch ...

WOWS

Unser Beach-Party Wochenende

Dieses Wochenende werden wir so schnell wohl nicht vergessen. Ein Besucherandrang, wie sonst an Halloween oder Weihnachten! Alle waren bereit für den Auftritt von Peter Wackel, der dieses Wochenende abrundete. Es war hart aber glückliche Gäste = glückliche Mitarbeiter = glückliche Momente ...

Vorsicht Polizei!

Das sieht man nicht oft!

Bei der Police-Abi-Fete wurden einige Schüler von einem amerikanischen Polizeiwagen zu uns gebracht. Das Ergebnis waren ein paar verdutzte Blicke der anderen Gäste.

Eine Ausgabe unserer Crew-News

Heutzutage besitzt fast jeder Mitarbeiter ein Smartphone mit Kamera. Somit ist die Wahrscheinlichkeit hoch, dass Storys aus dem Arbeitsalltag in Bildern festgehalten werden. Und das Schönste dabei: Diese Crew-News kosten nichts, nur ein wenig Arbeitszeit.

Das **Ideen**blatt

ANWENDUNG: *für alle Mitarbeiter*
ZEITEINSATZ: *gering*
KOSTEN: *keine*
ERGEBNIS: *sehr wertvolle Verbesserungen*
EMPFEHLUNG: *sehr empfehlenswert*

Wissen Sie, was Mitarbeiter richtig demotivieren kann? Ich bin mir sicher, Ihnen fallen ganz viele Möglichkeiten ein. Doch hier geht es speziell um ein sehr alltägliches Problem: Der Mitarbeiter darf nicht mitgestalten. Für die Aufgabenerledigung ist er in den Augen seiner Führungskräfte kompetent und geeignet. Aber er darf keinen Verbesserungsvorschlag abgeben. Dafür sei er weder zuständig noch ausgebildet. Alles soll so bleiben, wie es ist – denn: Das haben wir schon immer so gemacht! So die Denk- und Führungsweise der Vorgesetzten.

Wenn ich eine Tätigkeit immer und immer wieder ausführe, vielleicht sogar acht Stunden am Tag, ich ständig die Verbesserung vor Augen habe, die vielleicht Zeit und Geld sparen hilft und die Qualität verbessern kann, sollte ich dann nicht gefragt werden und mein Hinweis Gehör finden? Das finde ich einen der schlimmsten Führungsfehler überhaupt: die Unterforderung.

Es kann auch passieren, dass die Idee Ihres Mitarbeiters eine Innovation, ein neues Produkt hervorbringt. Ein Produkt, das Ihren Erfolg in Zukunft sichern kann. All das kann passieren, in Ihrem Unternehmen, wenn Sie es wollen.

Die Beseitigung einer Blockade, die sehr stark demotiviert, kann enorm motivierend sein. Wie Sie das umsetzen können, erfahren Sie im Folgenden. Die Vorlage *„Ideenblatt"* finden Sie im Anhang auf Seite 182.

Im Innovationsprozess fließen die Ideen

Jedem Mitarbeiter unseres Unternehmens ermöglichen wir die Teilnahme am Innovationsprozess *„Ideenblatt"*. Wir wissen, dass die wesentlichen Verbesserungen bei der Erledigung einer Aufgabe durch diejenigen geschehen können, die direkt und dauerhaft diese Aufgabe ausführen. Ich spreche an dieser Stelle bewusst von *„verbessern können"*.

Hierzu ein kurzer Rückblick: Im Jahre 2006 führten wir den Prozess mit dem Ideenblatt ein. Den Impuls erhielten wir von Klaus Kobjoll, dem Inhaber vom Seminarhotel Schindlerhof in Nürnberg, im Seminar UnternehmerEnergie. Auf seine Empfehlung hin machten wir das Ideenblatt zur Pflicht. Die Wechselwirkungen in unserem Team waren, dass die Mitarbeiter irgendeinen Quatsch einreichten. Sie hatten einfach keine Lust, etwas zusätzlich tun zu müssen. Nach drei Monaten hatten wir dies gelernt und das Ideenblatt freiwillig zur Verfügung gestellt. Was denken Sie, was passierte? Genau, es wurden fast keine Ideen mehr eingereicht.

Wir hatten blindlings gehandelt, nach dem Motto: *„Was bei denen funktioniert, funktioniert auch 1:1 bei uns."* Aber dem war nicht so. Die Kultur im Schindlerhof-Team war viel weiter entwickelt als bei uns. Unser Fehler: Wir hatten den dritten Schritt vor dem ersten getan.

Grundsätzlich werden Ideen branchenübergreifend nach folgenden Kriterien bewertet:

- Anzahl der eingereichten Ideen im Unternehmen insgesamt
- Anzahl aller Ideen : Anzahl der Vollzeitbeschäftigten = Ideen pro Mitarbeiter
- Anzahl der tatsächlichen Umsetzungen = Umsetzungsquote

Erst im Laufe der Jahre lernten wir, worauf es ankommt und wie wir diesen Prozess erfolgreich steuern können. Unsere zehn größten Fehler stelle ich Ihnen vor, damit Sie diese nicht selbst machen müssen.

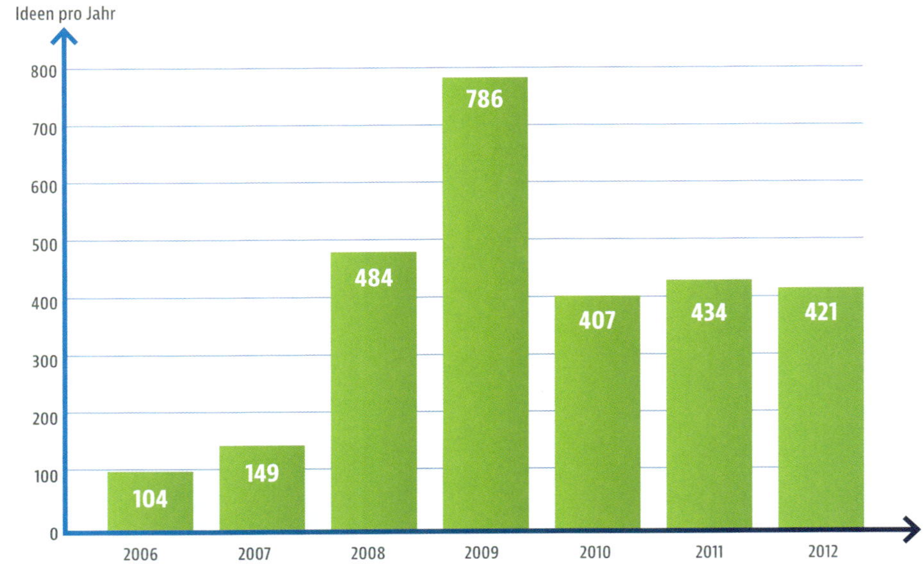

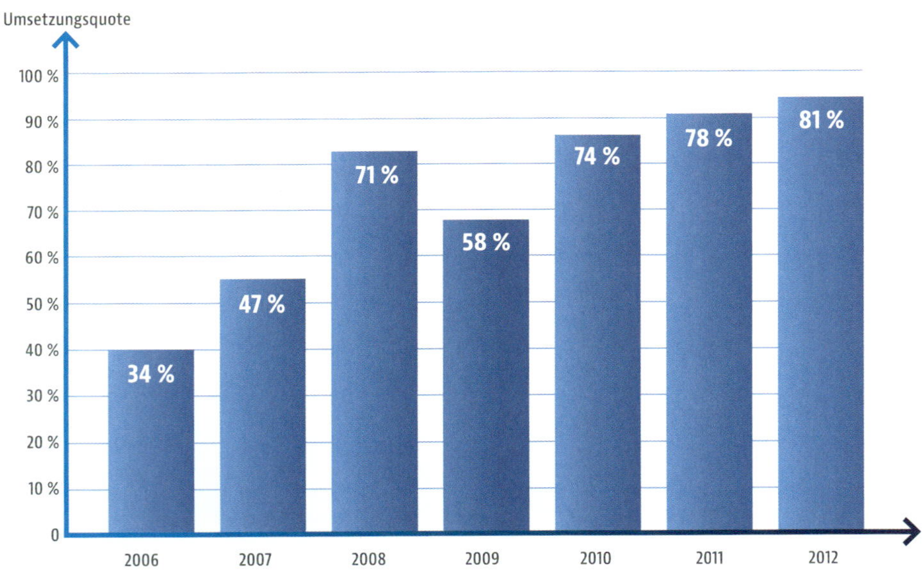

Eine Entwicklung, auf die wir stolz sind. Dabei ist nicht nur die Anzahl der eingereichten Ideen wichtig, sondern vor allem die Umsetzungsquote. Durch gute Feedback-Kultur, richtige Organisation, offene Kommunikation, klare Zielangaben, optimale Einbindung aller Mitarbeiter und gerechte Anerkennung erreichen wir heute die für unseren Betrieb ideale Anzahl an Ideen und eine Umsetzungsquote im Bereich der Business-Excellence.

Fehler Nr. 1: Nehmen ohne zu geben

Wer hier an etwas Materielles denkt, ist auf dem Holzweg. Ein Mitarbeiter, der ein Ideenblatt abgibt, sich also mit der aktuellen Situation auseinandergesetzt und die Mühe gemacht hat, zu überlegen und aufzuschreiben, wie es besser verlaufen sollte, möchte ein Feedback. Ist seine Idee beachtet worden? Kann sie so umgesetzt werden? Wenn ja, wann und durch wen? Wenn nein, warum nicht?

Fehler Nr. 2: Spätes Feedback

Das Ideenblatt wurde vor acht Wochen abgegeben und erst heute kam das Feedback? Das macht keine Lust, sich weiter daran zu beteiligen. Die Eingabe scheint keine Anerkennung und Beachtung bei den Führungskräften zu finden, denkt sich der Mitarbeiter. Sorgen Sie also für rasches Feedback.

Fehler Nr. 3: Innovation als Chefsache

Falls Sie bislang dachten, dass neue Ideen und Innovationen ausschließlich Chefsache seien, und durch das Lesen dieses Rituals plötzlich Lust verspüren, die Ideenblätter bei sich im Unternehmen einzusetzen, freue ich mich sehr. Aber bitte suchen Sie sich vom ersten Tag an einen Prozesseigner. So nennen wir jemanden, der für den Prozess verantwortlich ist. Dieser Prozesseigner bearbeitet die Ideenblätter und kommuniziert zwischen Führungskräften (den Entscheidern) und Mitarbeitern (den Ideengebern). Als Chef fehlt Ihnen dafür die Zeit, denn jedes Ideenblatt kostet durchschnittlich rund 10 Minuten Bearbeitungszeit.

Fehler Nr. 4: Einsame Entscheidungen

2006 entschied ich noch jedes einzelne Ideenblatt alleine, weil ich es nicht anders wusste. Heute verantwortet eine Gruppe von Mitarbeitern aus verschiedenen Hierarchieebenen die Ideenblätter. Dadurch haben sich die Kommunikation und Motivation für den Prozess unglaublich verbessert.

5. Fehler: Ideen ohne Zielangabe

„Wer nicht weiß, wohin er will, der darf sich auch nicht wundern, wenn er ganz woanders ankommt."

Mark Twain

Im Jahr 2006 hatten wir kein Ziel. Wir wussten nicht, wie viele Ideen wir pro Jahr erzielen wollten. Wie hoch sollte die Umsetzungsquote sein? Infolgedessen schleppte sich der Prozess durch sein erstes Jahr. Wenn wir keine Lust auf Verbesserung gehabt hätten, wäre er mit Sicherheit im Folgejahr wegen Wirkungslosigkeit eingestellt worden. Also nehmen Sie sich gleich im ersten Jahr bescheidene und erreichbare Ziele vor.

6. Fehler: Ewig führendes Führungsteam

In der internen Kommunikation veröffentlichen wir im Laufe eines Jahres auch, welche Leistungsbereiche (Abteilungen) bislang wie viele Ideen eingereicht haben. Wenn die Führungskräfte stets unerreichbar weit vorne liegen, ist das für die anderen Mitarbeiter Demotivation pur. Sofern sich das Führungsteam in den Top 3 bewegt und der Abstand zum Rest nicht allzu groß ist, entwickelt sich ein positives Wettbewerbs-Feeling. Übrigens liegen unsere Azubis fast immer ganz vorne, auf jeden Fall vor der Führungscrew.

Fehler Nr. 7: Schwache Ideen belohnen

Die *„Idee des Monats"* wird schnell als Pflicht verstanden. *„Wir müssen doch die Idee des Monats küren!"* Ich habe immer noch vor Augen, wie das 2006 ein Führungsmitarbeiter zu mir sagte. Damals zeichneten wir mehrfach Ideen aus, die eigentlich keinen Preis verdient hatten. Heute agieren wir anders: Wir teilen dem Team mit, dass wir keine *„Idee des Monats"* küren können, weil keine eingereichte Idee dieses Titels würdig ist. Die Anerkennung folgt vielleicht später. Im Folgemonat zeichnen wir dann zwei Ideen aus, für den aktuellen und den vorherigen Monat.

Fehler Nr. 8: Quantität vor Qualität

Im Jahr 2009 wollten wir unbedingt 700 Ideen erreichen. Das Ziel erreichten wir auch tatsächlich, aber die Umsetzungsquote verringerte sich um mehr als 10 Prozent. Noch schlimmer war die sinkende Qualität der Ideen. Ich hatte das Gefühl, dass in diesem Jahr sogar der Einkauf neuer Strohhalme als Idee eingestuft wurde. Die Menge der Ideen sollte also nicht der alleinige Maßstab sein, es gilt die bereits erwähnte WIM-Formel: Weniger ist mehr.

Fehler Nr. 9: Keine Einbindung des Team-Leaders

Früher wusste der direkte Vorgesetzte, der Team-Leader, nicht, ob einer seiner Mitarbeiter eine Idee eingereicht hatte. Damit fühlte er sich nicht zuständig und motivierte auch nicht sein Team, wenn Ideen benötigt wurden. Heute informiert der Prozesseigner die rund 20 Führungskräfte der ersten und zweiten Führungsebene und bindet sie ein. Das ist bedeutend einfacher, als 140 Mitarbeiter zu informieren und um Unterstützung zu bitten.

Fehler Nr. 10: Mangelnde interne Kommunikation

Mitarbeiter möchten wissen, was passiert. Wie sieht die *„Idee des Monats"* aus? Von wem stammt sie? Wie viele Ideen mit welcher Umsetzungsquote haben wir bisher erreicht? Und wie viele fehlen uns noch bis zum Erreichen des Jahresziels? Diese Nachrichten hatten wir schlichtweg vergessen zu kommunizieren. Erst im Laufe der Zeit wurden uns diese Informationsbedürfnisse des Teams bewusst. Heute sind die Tätigkeiten und Verantwortlichkeiten schriftlich geregelt und terminiert.

ERFOLGSIMPULS

Ideenprozess

Mit diesem Erfolgsimpuls regen Sie Mitarbeiter an, ihre Verbesserungsideen einzubringen. Als Dank winken Anerkennung, Prämien und Motivation fürs gesamte Team.

Erfolgsimpuls 1: Ein Gefühl für den Prozess entwickeln

Seit 2008 wissen wir, dass die Zahl von rund 400 Ideen pro Jahr eine optimale Innovationsgröße für unser Unternehmen darstellt. Die Quantität ist sehr gut zu organisieren und wir können uns auf die Qualität der Ideen sowie auf die Umsetzung besser konzentrieren. Mit über 75 Prozent Umsetzungsquote agieren wir damit nicht nur im Bereich der Business-Excellence. Auch Gäste, Mitarbeiter, Partner und die Gesellschaft spüren die Verbesserungen. Das freut uns alle und erhöht die Wahrscheinlichkeit auf zukünftigen geschäftlichen Erfolg.

Erfolgsimpuls 2: Anerkennung für die Idee des Monats

In den Jahren 2006 bis 2012 stellten wir einen Klejbor's-Mini-Cooper gratis demjenigen zur Verfügung, der die *„Idee des Monats"* lieferte. Er durfte zwei Wochen kostenlos das trendige Cabrio in Vollausstattung fahren. Die weiteren zwei Wochen waren für den *„KVP des Monats"* reserviert. Diese Anerkennung war ein Einzelerlebnis für den jeweiligen Mitarbeiter. Als wir das Team fragten, welchen Preis es sich wünsche, schlug es eine Gruppenanerkennung vor. Unsere Mitarbeiter wollten lieber etwas gemeinsam erleben. Deshalb gibt es seit 2012 pro *„Idee des Monats"* ein Ticket für die Mallorca-Tour, drei Tage Spaß und Party an der Playa de Palma (siehe auch Ritual Mitarbeitertour nach Mallorca).

Erfolgsimpuls 3: Wasser auf die Motivationsmühle

Wir liegen mit den Ergebnissen unserer Innovationskultur im Bereich der Business-Excellence, und das als kleines Unternehmen in Eschweiler, Kreis Aachen. Über unsere Erfolge wurde in zahlreichen Presseartikeln berichtet. Im Magazin Food-Service Ausgabe 02-2013 wurden wir sogar mit der Mövenpick-Gruppe und McDonald's verglichen.* Solches Lob wirkt wie Wasser auf die Motivationsmühle unserer Mitarbeiter. Darauf sind wir stolz, und es macht große Lust, diese Erfolgsgeschichte fortzusetzen.

Rituale der Wertschätzung für jeden Kalendermonat

Jede Branche hat ihre umsatzstarken und -schwachen Monate. In der Eventgastronomie erwirtschaften wir im vierten Quartal mit rund 35 Prozent den höchsten Anteil unseres Gesamt-Jahresumsatzes. Dafür dürfen wir im dritten Quartal maximal ein Ergebnis mit einer schwarzen Null erwarten. Denn im Hochsommer ist die sogenannte Mitbewerbersituation extrem hoch. Große Kirmesveranstaltungen, die Urlaubszeit sowie das Grill- und Badewetter sind die Hauptgründe, dass deutlich weniger Gäste Lust verspüren, in einer Diskothek zu tanzen. In den ersten Jahren wollten wir das nicht akzeptieren und handelten antizyklisch. Gerade in umsatzschwachen Zeiten investierten wir enorm viel Geld in Event- und Marketingaktionen. So konnten wir zwar einige Feierwillige motivieren, doch ein kostendeckendes Ergebnis war nicht möglich.

Sie kennen Ihre Branche und Ihr Team am besten. Suchen Sie sich die Rituale aus, die Sie direkt ansprechen und setzen Sie sie zu dem Zeitpunkt ein, an dem Ihr Team sie auch wirklich benötigt. Ich empfehle Ihnen, mindestens in der Hauptumsatzzeit und auch in der erlösschwächsten Umsatzzeit einige Rituale einzuplanen. Anerkennung, ob im Beruf oder in der Partnerschaft, erhalten wir Menschen immer gerne. Oder meinen Sie, dass es in einer glücklichen, liebevollen Partnerschaft ausreicht, sich einmal im Jahr miteinander zu beschäftigen?

JANUAR

- Die Jahresauftaktfeier
- Das Jahresmotto
- Der Neujahrsglückwunsch

FEBRUAR

- Die Erster-Schnee-Party
- 14. Februar: Der Valentinstagsgruß
- Altweiberdonnerstag im Februar: Der kleine Jeckenschmaus
- Die Mitarbeiter-Wintertour

MÄRZ

- Der Frühlingsgruß
- Aschermittwoch bis Karfreitag (40 Tage): Das gemeinsame Fasten
- Gründonnerstag, ggf. sogar eine Woche früher: Das Osterhasi-Happening

APRIL

- rund um den 1. April: Der verrückte Aprilscherz

MAI

- Die Frühlingsmüsli-Aktion
- Der Mama- und Papanachmittag

JUNI

- Die Mitarbeitertour nach Mallorca

JULI

- Der sonnige Blumengruß
- Der grillende Chef

AUGUST

- Das Urlaubsrückkehr-Gespräch
- Der Pflaumenkuchen-Effekt

SEBTEMBER

- Die Oktoberfest-Gaudi

OKTOBER

- Das herbstliche Grünkohlessen

NOVEMBER

- Der Sankt-Martins-Umzug

DEZEMBER

- Die eiskalte Glühweintour
- 1. 12.: Der Unternehmens-Adventskalender
- 1. 12.: Die Weihnachtsmaus
- 6. 12. oder auf der Weihnachtsfeier: Das Nikolaus-Wichteln
- 31. 12., 12 Uhr: Die wunderbare Glücks-Linsensuppe

Die
Jahresauftaktfeier

ZEITPUNKT: *Januar*
ANWENDUNG: *für alle Mitarbeiter*
ZEITEINSATZ: *hoch, für 2–3 Mitarbeiter*
KOSTEN: *ca. 30–50 Euro pro Mitarbeiter*
ERGEBNIS: *Teaminformation, Mitarbeiterehrung, gemeinsames Erlebnis*
WICHTIG: *Hinweis zur Moderation*
EMPFEHLUNG: *sehr empfehlenswert*

Wie bereits erwähnt erwirtschaften wir im Dezember unseren höchsten Umsatz im Geschäftsjahr. Zehn Öffnungstage in 14 Tagen sind keine Seltenheit. Darum hatten wir immer Schwierigkeiten, einen Termin zu finden, an dem alle 140 Mitarbeiter an einer gemeinsamen Weihnachtsfeier teilnehmen konnten. Aus der Not heraus riefen wir eine *„Jahresauftaktfeier"* ins Leben, die am zweiten Sonntag im neuen Jahr stattfand.

Die Vorteile dieses Termins: Der Arbeitsstress lag hinter uns und die anderen Weihnachtsfeiern, ob in Familie, Schule, Kindergarten oder Sportverein, waren vorüber. Wir konnten in Ruhe das neue Jahr begrüßen und uns bei den Mitarbeitern für die geleistete Arbeit bedanken.

Vorbereitung und Einladung

Ich empfehle Ihnen, die Vorbereitung einer kleinen Gruppe von Mitarbeitern anzuvertrauen. Sie geben das Budget vor, lassen sich die Gedanken und Ideen vorstellen und haben natürlich ein Vetorecht. Essen und Trinken sollten anlassgemäß organisiert werden. Ob Selbstbedienung am Buffet oder gangweises Servieren am Tisch – das hängt von der Teamstärke und Ihren persönlichen Wünschen und Vorstellungen ab. Sie sollten Ihre Mitarbeiter so früh wie möglich einladen, um ihnen die Teilnahme zu erleichtern. Ein immer wiederkehrender Termin hat sich bei uns bewährt. Wir führten die Jahresauftaktfeier anfangs immer am zweiten Sonntag im neuen Jahr durch. Seitdem wir ein abweichendes Geschäftsjahr haben (01.10. bis 30.09.), laden wir zum dritten Sonntag im November ein. Auch hier gilt das Prinzip der Schriftlichkeit. Die Einladung erfolgt schriftlich. Am Memoboard gibt es einen Aushang mit einer Mitarbeiterliste, auf der man seine Teilnahme per Unterschrift bestätigt. Auch im Briefing der Mitarbeiter durch die Führungskräfte wird auf die Feier hingewiesen. Der interne Kommunikationsfluss muss laufen.

Informationen für Ihre Mitarbeiter

Einmal im Jahr sollten alle Mitarbeiter über die Unternehmenserlebnisse informiert werden.

- *Wie lauten unsere Ergebnisse?*
- *Was waren unsere Erlebnisse?*
- *Wie sind wir damit umgegangen?*
- *Gibt es Anerkennungen von Externen? Stichwort: Stolzkultur*
- *Gibt es besondere Leistungen, die erwähnt werden sollten?*
- *Was kommt in Zukunft auf uns zu?*
- *Welche Ziele haben wir fürs kommende Jahr?*

Ehrung von Mitarbeitern

Bei der Jahresauftaktfeier bietet es sich an, verdiente Mitarbeiter zu ehren. Nachfolgend einige Ehrungsmöglichkeiten:

- Jubiläen: 5-, 10-, 15-jährige Betriebszugehörigkeit
- Idee des Jahres und KVP des Jahres
- Anerkennungen für Teams

Optional: Einmal-Kameras

Für einen geringen Kostenbeitrag gibt es sogenannte Einmal-Kameras, die auf den Tischen platziert werden. Jeder kann spontan Fotos knipsen. Die Kameras werden am Ende der Veranstaltung eingesammelt und die Fotos entwickelt. Die Bilder können Sie dann als Fotocollage veröffentlichen, zum Beispiel beim ersten Quartals-Meeting. Ein wirksamer Nachhaltigkeitseffekt, der viel Freude bringt.

Optional: Jahres-DVD

Wir stellen eine Auswahl an Fotos und Videos aus den Teams zusammen und produzieren eine Jahres-DVD für jeden Mitarbeiter. So kann er zu Hause die gemeinsamen Erlebnisse erneut reflektieren. Die Produktionskosten pro DVD inklusive Cover belaufen sich auf rund 10 Euro, je nach Auflage. Früher nahmen wir an, dass unsere Mitarbeiter sich nicht großartig für unsere Geschäftsverläufe interessieren. Speziell bei den Aushilfen vermuteten wir das, weil sie ja nur für einige Stunden, neben ihrem Hauptberuf, bei uns tätig waren. Doch wir lagen falsch. Die Präsentation bei der Jahresauftaktfeier öffnete uns die Augen. Plötzlich kamen viele Rückfragen von den Mitarbeitern, echtes Interesse wurde deutlich. Wir waren verwundert und glücklich zugleich über die hohe Identifikation mit unserem Unternehmen.

Wenn Sie sich mehr Interesse für die Geschäftsvorgänge vonseiten Ihrer Mitarbeiter wünschen, dann probieren Sie dieses Ritual der Jahresauftaktfeier einfach aus. Sie können die Idee sicherlich auch abwandeln in ein Halbjahres-Meeting oder Ähnliches.

Unsere Jahresauftaktfeier mit Mitarbeiterehrung und viel Spaß

Das Jahres**motto**

ZEITPUNKT: *Januar*
ANWENDUNG: *für alle Mitarbeiter*
ZEITEINSATZ: *gering*
KOSTEN: *praktisch kostenfrei, Hilfsmittel wie Aufkleber kosten ca. 50 Euro pro Jahr*
ERGEBNIS: *bessere Orientierung*
EMPFEHLUNG: *sehr empfehlenswert*

Die meisten Menschen begrüßen das neue Jahr mit guten Vorsätzen: weniger rauchen, endlich abnehmen, viel mehr Sport treiben. Doch oft sind mit dem Ende der Winterferien, wenn der Alltag wieder beginnt, die ersten Vorsätze schon wieder vergessen. Warum? Der häufigste Grund des Scheiterns ist meiner Meinung nach, dass wir uns zu viel vorgenommen haben. Fangen Sie einmal drei Bälle gleichzeitig. Das funktioniert nicht mit zwei Händen. Aber Sie können sehr gut einen nach dem anderen fangen. Also konzentrieren Sie sich und machen Sie nur einen einzigen Punkt zu Ihrem persönlichen Jahresmotto. Drei Tipps hierfür am Beispiel Sport:

Tipp 1: Konkrete Aussagen treffen

„Viel mehr Sport treiben“. Mit dieser Formulierung kann Ihr Unterbewusstsein leider wenig anfangen, weil sie zu wenige konkrete Aussagen enthält. Heißt *„viel mehr“* etwa, einmal im Monat einen schnelleren Spaziergang im neuen Sportdress zu absolvieren? Werden Sie lieber konkret: *„Ich werde jeden Montag 30 Minuten lang joggen.“*

Tipp 2: Sich nicht überfordern

WIM, weniger ist mehr, gilt auch hier. Nehmen Sie sich nicht vor, direkt dreimal pro Woche Sport zu machen. Fangen Sie mit einmal an und steigern Sie nach Lust und Laune. Nach sechs Wochen erhöhen Sie auf zweimal pro Woche. Denken Sie an Ihr Ziel: Sie wollen sich mehr bewegen. Und jeden Montag zu joggen bedeutet schon 52 mal mehr Bewegung im neuen Jahr.

Tipp 3: Erinnerungshilfen nutzen

Setzen Sie sich nette kleine Erinnerungen. An den Stellen, an denen Sie es wünschen. Zwischen den Weihnachtstagen entscheide ich mich nicht nur für mein persönliches Jahresmotto, sondern erstelle am PC direkt mein Logo dazu. Diese Grafik begrüßt mich fortan überall dort, wo ich sie oft im Blick habe – auf meinem iPhone, am Armaturenbrett, am PC und anderswo.

Ich könnte jetzt noch viel mehr schreiben, da ich seit 2003 mit einem Jahresmotto arbeite und sehr nützliche persönliche Veränderungen erzielt habe. Im Unternehmen gibt es zahlreiche Dinge, die viele Mitarbeiter ärgern und die sie gerne ändern würden. Zum Beispiel, dass Besprechungen immer länger dauern als geplant, dass meistens auf den letzten Drücker gearbeitet wird, dass viele ihren Müll nicht selbst wegräumen. Jedes Team hat seine ganz speziellen *„Geschichten"*. Um hier Entlastung zu schaffen und die Situation zu entspannen, empfiehlt sich ein gemeinsames Jahresmotto.

Zum Thema Jahresmotto habe ich ein eigenes Paperback geschrieben. Sie finden es in unserem Shop auf shop.marc-klejbor.de

---

Wim
weniger ist mehr
JAHRESMOTTO 2014 | WWW.KLEJBORS.DE

Mit unserem Jahresmotto 2014 möchten wir das Pareto-Prinzip jedem Mitarbeiter dauerhaft und nachhaltig vermitteln: Das Wissen, dass man mit 20 Prozent der Arbeitszeit 80 Prozent des Erfolges erzielt, ist die Voraussetzung. Aber das Hauptziel ist, dies dann tagtäglich selber bewusst zu leben.

Der **Neujahrs**glückwunsch

ZEITPUNKT: *Januar*
ANWENDUNG: *für alle Mitarbeiter*
ZEITEINSATZ: *gering*
KOSTEN: *ca. 1–5 Euro pro Mitarbeiter*
ERGEBNIS: *sympathische Wirkung*
EMPFEHLUNG: *empfehlenswert*

Zur Jahreswende findet man in Blumen- und Dekorationsgeschäften kleine Glücksbringer. Ob Schornsteinfeger, Glücksschweinchen oder vierblättrige Kleeblätter, sie alle sollen dem Beschenkten für das kommende Jahr Glück und Gesundheit bescheren. Eine nette Geste mit sehr geringem Zeitaufwand.

Mein Tipp zum Geld sparen: Je nach Anzahl der Geschenke lohnt es sich, den Einkauf beim nächsten Floristen-Großhändler durchzuführen. Meistens ist dort auch die Auswahl größer.

Die **Erster-Schnee**-Party

ZEITPUNKT: *Januar oder Februar*
ANWENDUNG: *für alle Mitarbeiter*
ZEITEINSATZ: *gering*
KOSTEN: *ca. 1–5 Euro pro Mitarbeiter*
ERGEBNIS: *gute Laune im Team*
EMPFEHLUNG: *empfehlenswert*

In Deutschland erleben wir den ersten Schnee in unterschiedlichen Monaten. Im Süden schneit es bereits im November, im flachen Rheinland meistens erst im Januar oder Februar. Der erste Schnee wird so freudig begrüßt wie der erste Sonnenschein am Ende des Winters. Lassen Sie den Arbeitstag doch einfach zwei Stunden eher ausklingen und laden Sie zu Glühwein, Jagertee oder Punsch ein. Ob mit oder ohne Alkohol. Nikolausmützen helfen, die kalten Ohren zu wärmen. Diese können Sie auf dem Weihnachtsmarkt oder im Ein-Euro-Shop kaufen und für dieses Ritual aufbewahren. Die Stimmung steigt je nach Laune mit Weihnachtsmusik oder den aktuellen Après-Ski-Hits. Nach dem ersten Glühwein, wenn die Stimmung schon lockerer ist, gibt es lustige kleine Unterhaltungsspielchen. Wer baut die schönste Figur aus Schnee? Oder der Klassiker: Wir bauen gemeinsam einen Schneemann. Je nach Aktion brauchen Sie ein paar Möhren und Kohlen. Den Zweck der Kohlen erfüllt auch eine Tüte Lakritz-Batzen aus dem Supermarkt. Die Sieger erhalten zum Beispiel einen „Willy mit echter Birne“. Da alle Gewinner sind, gibt es die zweite Runde dann für jeden.

Der **Valentinstags**gruß

ZEITPUNKT: *14. Februar*
ANWENDUNG: *für alle Mitarbeiter, zumindest die weiblichen*
ZEITEINSATZ: *gering*
KOSTEN: *ca. 10–15 Euro pro Mitarbeiter*
ERGEBNIS: *sympathische Wirkung*
EMPFEHLUNG: *empfehlenswert*

Zum Valentinstag schenkt man seiner bzw. seinem Liebsten etwas Schönes. Warum lassen Sie nicht Ihren weiblichen Mitarbeitern eine kleine Aufmerksamkeit zukommen? Im Folgejahr werden dann die männlichen Mitarbeiter beschenkt. Beim Überreichen wird ein Foto geschossen, das in der internen Teamkommunikation verwendet oder auf Facebook gepostet werden kann. Eine nette Geste mit geringem Aufwand, die Herzen erobert.

Der kleine **Jecken**schmaus

ZEITPUNKT:	*Altweiberdonnerstag*
ANWENDUNG:	*für alle Mitarbeiter, die an diesem Tag arbeiten*
ZEITEINSATZ:	*gering*
KOSTEN:	*ca. 3–5 Euro pro Mitarbeiter*
ERGEBNIS:	*lustig-launiges Klima*
EMPFEHLUNG:	*empfehlenswert*

Alle Jahre wieder erfreut die fünfte Jahreszeit die Gemüter. Bei uns im rheinischen Eschweiler klappt ein Großteil der Einwohner die Bordsteine hoch und feiert von Altweiberdonnerstag 11:11 Uhr bis Aschermittwoch, wenn der Hoppediz (eine traditionelle Karnevalsfigur) verbrannt wird. Denjenigen, die nicht so viel Karneval-Dopamin im Blut haben – ich gehöre dazu –, versüßt man die lustige Zeit mit einem Gläschen Sekt und frisch gezuckerten Berliner Ballen oder Krapfen. Kleiner Aufwand, lustige Wirkung. Aber bitte spontan und nicht vorher kommuniziert. Solche kleinen Gesten leben davon, dass sie überraschend, vielleicht außerhalb der Pausenzeit, von der Führungskraft ermöglicht werden.

Die Mitarbeiter-**Wintertour**

ZEITPUNKT: *Februar*
ANWENDUNG: *für einen Teil der Mitarbeiter*
ZEITEINSATZ: *hoch*
KOSTEN: *ca. 250–500 Euro pro Mitarbeiter*
ERGEBNIS: *Teamgeist-Förderung*
WICHTIG: *Krankenschein-Gefahr!*
EMPFEHLUNG: *sehr empfehlenswert*

Vielleicht fahren Sie und einige Ihrer Mitarbeiter gerne in den Wintersport? Warum also nicht einmal eine Mitarbeitertour in den Schnee machen? Die Reisekosten kann man mit einem kleinen Transporter gering halten und die Unterkünfte etwas außerhalb der Haupttourismuszentren sind erheblich günstiger. Die so eingesparten Kosten können Sie für die Leihgebühr der Skiausrüstung, den Skipass und einen gemeinsamen Skilehrer verwenden.

Führungskräfte, die Angst vor Krankenscheinen haben, empfehlen wir, statt der Skiabfahrten besser nur Après-Ski-Aktionen durchzuführen. Denn selbst in der Warteschlange am Kinder-Anker-Lift ist einer unserer Führungsmitarbeiter seitlich umgekippt. Ergebnis: mehrfacher Bänderriss. Er nahm es sportlich und hielt tapfer durch. Der Schnee kühlte das Bein und der Jagertee wirkte gegen die Schmerzen. Dennoch fiel er am nächsten Tag krankheitsbedingt aus.

Diese Tour können Sie ähnlich zelebrieren wie unser Ritual Mitarbeitertour nach Mallorca, das ich Ihnen ein paar Seiten weiter ausführlich beschreibe.

Der erste

Frühlingsgruß

ZEITPUNKT: *März*
ANWENDUNG: *für alle weiblichen Mitarbeiter*
ZEITEINSATZ: *gering*
KOSTEN: *ca. 10–15 Euro pro Mitarbeiter*
ERGEBNIS: *sympathische Wirkung*
EMPFEHLUNG: ☺ *empfehlenswert*

Sofern Sie keinen Valentinstagsgruß verteilt haben, können Sie bei diesem Anlass einen frischen Blumengruß in Frühlingsfarben verschenken. Wunderschön sind frische Osterglocken aus dem Garten oder kleine Miniatur-Osterglöckchen im Topf. Allerdings verblühen diese in der warmen Büroluft sehr schnell.

Das **gemeinsame** Fasten

ZEITPUNKT: *Aschermittwoch bis Karfreitag (40 Tage)*
ANWENDUNG: *für alle Mitarbeiter*
ZEITEINSATZ: *gering*
KOSTEN: *ca. 10 Euro pro Woche*
ERGEBNIS: *Teamgeist-Förderung*
EMPFEHLUNG: *empfehlenswert*

Am Aschermittwoch beginnt die 40-tägige Fastenzeit bis Karfreitag. In diesen knapp sechs Wochen können Sie gemeinsam mit Ihrem Team fasten. Das heißt: auf Kalorienreiches, speziell Süßes, einfach mal verzichten. Sie können Fastengläser verteilen, die am Schreibtisch stehen, und in denen alle angebotenen Süßigkeiten bis Karfreitag aufbewahrt werden. Ein toller Obstteller am Büroeingang mit einem netten Schild daneben weist auf die Teamaktion hin. Dieses Ritual ist gesund und gibt reichlich Anlass für Kommunikation und Späße. Und bitte nehmen Sie es mit Humor, wenn es einmal zu Verstößen gegen die heilige Fastenordnung kommt.

Das

Osterhasi-Happening

ZEITPUNKT: *Gründonnerstag, ggf. sogar eine Woche früher*
ANWENDUNG: *für alle Mitarbeiter*
ZEITEINSATZ: *gering*
KOSTEN: *ca. 3 Euro pro Mitarbeiter*
ERGEBNIS: *süße Überraschung*
EMPFEHLUNG: *sehr empfehlenswert*

Dieses Ritual können Sie am Gründonnerstag machen, quasi vor der *„Kurz-Urlaubspause"*. Noch mehr Spaß kommt auf, wenn Sie es eine Woche vorverlegen, in die gemeinsame Fastenzeit. Sie kaufen jedem Mitarbeiter einen Schoko-Osterhasen und ein bis drei Überraschungseier von Ferrero. Eine Stunde vor Arbeitsbeginn spielen Sie Osterhasi und verteilen den Süßkram im gesamten Unternehmen. Am Eingang platzieren Sie dann die leere Schale oder das Osternest mit einem netten Osterhasi-Gruß. Weisen Sie darauf hin, dass der Osterhase schon früher kommen musste, weil er ja soooo viel zu tun hat.

Fun-Upgrade: Je nachdem, wie viel Humor Sie als Führungskraft haben, bietet sich ein persönlicher Auftritt als Osterhase an. Schon ab 15 Euro können Sie im Internet das passende Hasenkostüm bestellen. Dieses Ritual erzeugt einen sehr hohen Motivationsfaktor im Team und wird gerne weitererzählt.

Der **verrückte** Aprilscherz

ZEITPUNKT: *rund um den 1. April*
ANWENDUNG: *für alle Mitarbeiter*
ZEITEINSATZ: *gering*
KOSTEN: *keine*
ERGEBNIS: *witziger Effekt*
EMPFEHLUNG: *sehr empfehlenswert*

Sie kennen das Ritual am 1. April: Wir schicken Menschen, die wir mögen oder auch nicht, in den April. Es gibt verschiedene Erklärungen, warum Menschen dieses Ritual pflegen. Ich finde die Erklärung, dass es mit dem Aprilwetter (*„April, April, er kann tun, was er will …"*) zu tun hat, am sympathischsten.

Im Team hatten wir mit dieser Form von Aprilscherz schon sehr viel Spaß: Sie schicken einige Mitarbeiter telefonisch in den April, und zwar mit der Unterstützung von www.marcophono.com, einem Telefon-Spaßportal. Sie benötigen nur einen Telefonhörer und ein Aufzeichnungsgerät, zum Beispiel Ihr Smartphone. Rufen Sie den jeweiligen Mitarbeiter an und klicken Sie die formulierten Sätze an. Wir lachen jedes Mal Tränen. Die Geschichte mit dem Marmor, dem Müllschnüffler oder *„Gott ist mit Dir"* können wir besonders empfehlen. Sie lachen zweimal. Das erste Mal beim Scherzanruf und das zweite Mal, wenn Sie die Aufnahme dem Mitarbeiter vorspielen. Sofern der Mitarbeiter zustimmt, haben Sie eine tolle Geschichte für die nächste gemeinsame Besprechung. Denken Sie daran: Erfolgreiche Führungskräfte lachen doppelt so viel mit Ihren Mitarbeitern.

Die **Frühlingsmüsli**-Aktion

ZEITPUNKT: *Mai*
ANWENDUNG: *für alle Mitarbeiter*
ZEITEINSATZ: *gering*
KOSTEN: *ca. 2 Euro pro Mitarbeiter*
ERGEBNIS: *leckere Motivation*
EMPFEHLUNG: *empfehlenswert*

Die ersten wärmeren Sommertage lassen die Lust auf Schwimmbad und Bikinifigur steigen. Ein nettes Ritual haben wir vor zwei Jahren gefunden. Kennen Sie **www.mymuesli.de** ? Dort gibt es keine langweiligen Müslis, die vor allem nach Haferflocken schmecken. Sondern richtig leckere Sorten wie Blaubeermüsli, Sommermüsli, Schokomüsli, Espressomüsli oder BerryWhiteChoc-Müsli. Alle in praktischen Müsli-to-go-Bechern, man muss nur den Deckel abziehen und frische Milch einfüllen. Im mymuesli-Shop finden Sie verschiedene Aktions- und Probierpakete à 12 Stück.

Auch hier wieder meine Empfehlung, das Geschenk ein bisschen leidenschaftlicher zu machen: Wir haben jeden Becher mit unserem aktuellen Jahresmotto-Aufkleber versehen, und jeder Mitarbeiter durfte sich einen Müsli-Becher aussuchen. Die Müslis schmeckten so lecker, dass sie bei der nächsten Jahreszielplanung vier Tage lang unsere Zwischenmahlzeit waren.

Der
Mama- und Papanachmittag

ZEITPUNKT: *Mai*

ANWENDUNG: *für alle Mitarbeiter mit Kindern*

ZEITEINSATZ: *gering*

KOSTEN: *ca. 25 Euro pro Mitarbeiter*

ERGEBNIS: *verbindende Wirkung*

EMPFEHLUNG: *empfehlenswert*

Im Laufe der Jahre fiel meiner Frau Sabine und mir auf, dass einige der jüngsten Klejborianer, unsere Auszubildenden, nur eine geringe Wertevermittlung in ihrer Herkunftsfamilie erleben. Es gibt sicherlich viele Gründe dafür. Mit diesem Ritual können Sie einen kleinen Beitrag leisten, dass Eltern und Kinder einen netten gemeinsamen Nachmittag verbringen. Sie laden zum *„Nachmittag mit Papa“* oder *„Nachmittag mit Mama“* ein und erstatten die Kosten für den gemeinsamen Erlebnisnachmittag. Einzige Auflage: Es muss eine aktive Tätigkeit sein, keine Passivberieselung. Passiv wäre zum Beispiel ein Kinobesuch, bei dem man nur zwei Stunden nebeneinander sitzt. Hierbei findet eher wenig Austausch zwischen den Generationen statt.

Zu den aktiven Tätigkeiten zählen ein Besuch im Zoo oder Erlebnispark, ein Nachmittag im Wellenbad mit Wasserrutsche oder auch Wellness in der Sauna, falls das Kind schon älter ist. Aktiv ist auch so etwas Simples wie ein Waldspaziergang mit einer Tasse Kaffee und Kuchen im Ausflugslokal. Ihnen wird bestimmt etwas einfallen. Beachten Sie dabei folgende Punkte:

Vorschuss anbieten

Manche Mitarbeiter werden sich scheuen, nach dem Zuschuss zu fragen. Oftmals gerade diejenigen, die ihn finanziell am nötigsten haben. Bieten Sie an, einen Quittungsgeld-Vorschuss in bar auszuzahlen, der dann später mit dem Quittungsbetrag verrechnet wird.

Zum Fotomachen animieren

Auch hier sagen Fotos wieder mehr als Worte. Mit Fotos bleiben die Erinnerungen wacher, in ein paar Jahren wird man sich darüber freuen. Aber häufig denken viele nicht ans Bildermachen, sie brauchen einen Impuls. Geben Sie diesen.

Nachhaltigkeit sichern

Wer möchte, kann ein Foto ausdrucken und mit einer kurzen Story am Memoboard im Unternehmen aufhängen. Sie können das Ganze auch mit Ihrem Firmennamen versehen: *„Steuerbüro Meier lädt zum Papa- & Mamanachmittag ein“*.

PR-Effekt nutzen

Wenn Sie Lust auf Öffentlichkeit haben und Ihre Mitarbeiter zustimmen, können Sie die Geschichten auf Ihrer Facebook-Unternehmensseite posten und zum Kommentieren einladen. Oder Sie mailen die Fotos und Geschichten Ihrer örtlichen Zeitung. Vielleicht ist gerade noch ein Platz auf einer Seite frei und die Redaktion füllt diesen mit einem netten Bericht über Ihr Engagement. Dabei ist das Aktionsbranding wichtig, damit auch Ihr Name erwähnt wird. Lassen Sie sich vorher von Ihrem Mitarbeiter unbedingt die Werbemittelfreigabe schriftlich geben, ansonsten kann das bei ungünstigen Umständen enorm teuer werden. Eine Vorlage für eine Werbemittelfreigabe senden wir Ihnen gerne zu. Eine E-Mail an info@marc-klejbor.de genügt.

Die **Mitarbeitertour** nach Mallorca

ZEITPUNKT: *Juni*
ANWENDUNG: *für eine Auswahl von Mitarbeitern*
ZEITEINSATZ: *hoch*
KOSTEN: *ca. 550 Euro pro Mitarbeiter*
ERGEBNIS: *großartiges Gemeinschaftserlebnis*
EMPFEHLUNG: *sehr empfehlenswert*

„Der Wurm muss dem Fisch und nicht dem Angler schmecken.“ Aus diesem Grund sollten Sie sich Zeit nehmen und herausfinden, für welches Reiseziel Ihr Team schwärmt. Wir bieten in unserer Diskothek *„Millionen glücklicher Momente“* für jedermann mit Musik, Feiern, Tanzen, Leute kennenlernen sowie Essen und Trinken. Da wir jeden Freitag, jeden Samstag und vor Feiertagen öffnen, können unsere Mitarbeiter nur zeitlich eingeschränkt selber feiern. Die Reise nach Mallorca, die wir seit über zwanzig Jahren immer im Juni durchführen, ist eines unserer teuersten, aber auch wirkungsvollsten Rituale der Wertschätzung. Feiern steht hier im Mittelpunkt, die Mitreisenden haben es sich verdient.

1. Vorbereitung

Eine solche Mitarbeitertour benötigt eine intensive Vorbereitung. Sie sollten einen Mitarbeiter bestimmen, der gerne die *„Reiseleitung“* übernimmt. Es gibt viele Kleinigkeiten, die organisiert werden müssen, und zahlreiche Rückfragen seitens der Mitarbeiter, die geklärt sein wollen.

Voraussetzung und Budget

Sie sollten genau definieren, welcher Mitarbeiter für welche Leistung mitfährt. Sonst sind diejenigen Mitarbeiter, die mitfahren, hoch motiviert. Und der Rest fühlt sich ungerecht behandelt. Das sollte nicht Ihr Ziel sein.

Legen Sie auch das Budget fest. Wie viele Mitarbeiter fahren mit? Wie teuer dürfen die Einzelpositionen sein? Sie werden sich wundern, was da zusammenkommt:

- Transferkosten vom Treffpunkt zum Flughafen
- Parkgebühren der Transferautos
- Flugkosten
- Transferkosten zum Hotel
- Übernachtungskosten
- Spesen vor Ort (inkl. Minibar)
- Transferkosten vom Hotel zum Flughafen
- Transferkosten vom Flughafen zum Treffpunkt

Flug und Hotel

Ein Drei-Sterne-Hotel in guter Lage ist völlig in Ordnung. Wenn Sie aber überraschen und begeistern möchten, sollten Sie sich für eine Klasse höher entscheiden. Die Flugzeiten sind uns ebenfalls sehr wichtig. Lange Wartezeiten am Abflugtag mit einer großen Gruppe irgendwo im Ausland sind gähnend langweilig und können die positive Stimmung beeinträchtigen.

Spannungsbogen

Zwölf Wochen vor der Tour beginnen wir mit der internen Kommunikation. Am Memoboard hängen wir Flugzeiten und Hoteldetails aus, dazu gibt es ein Foto der letzten Tour. In den Briefings und Besprechungen wird die Vorfreude angeheizt und über die letzten Erlebnisse gelacht. Einige Tourteilnehmer berichten über ihre Gedanken und Empfindungen, zum Beispiel, wie sie ihre Flugangst überwunden haben. Die Medien verstärken den Vorfreude-Effekt durch ihre Berichterstattungen über den Saisonauftakt auf Mallorca meist Anfang/Mitte Mai.

Gutschein

Wenn Sie ein Tourticket für die Idee des Monats vergeben möchten, sollten Sie zwölf Gutscheine erstellen, damit der Gewinner seinen Preis, die Anerkennung für seine Leistung, in Händen halten kann. Gerade wenn es noch Monate dauert, bis dieses Ritual durchgeführt wird.

Persönliche Einladung

Spätestens vier Wochen vor Abreise sollten Sie jedem Teilnehmer eine persönliche Einladung überreichen oder per Post senden. Sie enthält alle wichtigen Details zur Tour für ihn und seine Angehörigen. Und natürlich auch wichtige Empfehlungen zur Organisation und Durchführung.

Im heutigen E-Mail-Zeitalter erreichen Sie mit einem klassischen Brief eine höhere Aufmerksamkeit. Auch hier bieten sich wieder Spannungsbogen-Möglichkeiten an: ein Aufkleber mit *„Ich bin dabei"* oder die Aufforderung zur Teilnahme an der Aktion *„Ich freue mich auf …"* am Memoboard. Die Kosten für einen solchen emotionalen Spannungsbogen sind gering.

2. Durchführung

Ich empfehle Ihnen, eine Tourenplanung zu erstellen. Dadurch haben Ihre Mitarbeiter eine Orientierung und vor allen Dingen erleben Sie auch gemeinsam etwas. Ansonsten überlassen Sie das dem Zufall. Die Planung führten wir ein, nachdem eine Gruppe von Mitarbeitern vor Ort nicht mehr aufzufinden gewesen war. Erst beim Abflug war sie wieder zu uns dazugestoßen.

Tourenplanung

Unsere Tourenplanung gibt genau vor, wann und wo wir uns für gemeinsame Erlebnisse treffen. Natürlich stehen auch Zeiten zur freien Verfügung. Auf der Tourenplanung sollten Sie unbedingt die Kontaktdaten Ihres internen

Gruppenreiseleiters angeben. Als Orientierungshilfe finden Sie hier unseren letzten Tourenplan.

Klejbor's Mallorcatour 2013

Timetable und wichtige Infos

TAG	ZEITPUNKT	ORT	MASSNAHME
SONNTAG, 09.06.13	3:30 h	**Foyer im Klejbor's** · Begrüßungssekt · Abschiedsküsschen · Gruppen-Foto	· Ausweiskontrolle · Abgabe des Betriebsgeheimnisses
	3:45 h	**Abfahrt mit den Partycars**, Marc, Torsten und Julija	· Ziel: Düsseldorf Flughafen
	5:50 h	**Abflug AB 9422** **DUS-PLM**	· Hoffentlich mit allen!
	8:30 h	**Ankunft Flughafen** Palma de Mallorca	· Koffer holen · Abfahrt zum Hotel mit Taxis
	ca.9:30 h	**Ankunft Hotel Pabisa Bali**, direkt am Bierkönig · Zimmer beziehen ab 14 h	· leichte Trinkkleidung direkt ins Handgepäck legen.
	ca. 10:00 h	Wir können die Zimmer beziehen und haben den restlichen Tag zur freien Verfügung!	· Pool · Strand · Shoppen
	ca. 18:30 h	**Abendessen** im Hotel Pabisa Bali	· Guten Appetit
	19:30 h Pünktlich!	**Team-Treffen an der Poolbar** · Begrüßungsgetränk · Wir feiern los!	· Irgendwann wechseln wir zum Bierkönig rüber.
	ca. 0:00 h	**Zur freien Nacht-Verfügung!** Riu Palace, Oberbayern, Mega-Arena, Regine's, ...	· Feiert, wo Ihr nach Herzenslust wollt.

Ausweiskontrolle

Ihre Reiseleitung sollte vor der Abfahrt zum Flughafen kontrollieren, ob jeder Teilnehmer seinen Ausweis mit dabei hat. Es ist ein unglaublicher Stress, wenn erst am Flughafen auffällt, dass der Ausweis noch im Auto oder auf dem Küchentisch liegt.

Betriebsgeheimnisse

In Zeiten von Facebook & Co. rate ich Ihnen ausdrücklich, sich von jedem Mitreisenden eine Vertraulichkeitserklärung für die Mitarbeitertour bestätigen zu lassen. Es dürfen keine Fotos von der Tour in privaten Profilen auf Facebook oder anderswo veröffentlicht werden.

Tourgeschenk

Auch dieses Tourritual drückt wieder jede Menge Leidenschaft aus. Können Sie sich vorstellen, wie begeistert die Teilnehmer sind, wenn wir ihnen am Flughafen nach dem Einchecken einen Karton überreichen, auf dem groß unser Tourenlogo prangt? Im Karton sind ein bedrucktes T-Shirt in passender Größe, ein Kondom (man weiß ja nie), Taschentücher (kann man immer brauchen), Kopfschmerztabletten (braucht man schneller, als man denkt) und ein Klejbor´s-Keylay mit Anhänger. Der Anhänger enthält die Kontaktdaten, Angaben über die geografische Lage des Hotels und die Daten unserer internen Reiseleitung. Außerdem sind 10 Euro für den Notfall eingeschweißt, mit dem Hinweis in Landessprache, wo der Taxifahrer den Keylay-Träger abliefern soll (wie gesagt, man weiß ja nie).

Gemeinsame Erlebnisse

Das Ziel der Gruppentour ist ganz klar: gemeinsamer Spaß! Die Mitarbeiter lernen sich untereinander besser kennen. Es kommt zu wertvollen Gesprächen zwischen Mitarbeitern und Führungskräften, die sonst aufgrund von Sorgen und Ängsten nicht stattfinden würden. Gemeinsame Spiele verstärken das

Wir-Gefühl. Wichtig dabei: Alle sind immer die Gewinner. Ich stelle Ihnen ein Spieleritual detailliert vor:

„Die Klejbor's-Olympiade"

Diese führen wir immer am zweiten Reisetag ab ca. 14 Uhr durch. Dann sind alle Teilnehmer wieder fit von der letzten Partynacht. Die Organisation und Moderation übernehme ich mit der Reiseleitung. Alle restlichen Mitarbeiter werden in Vierer- oder Fünfergruppen aufgeteilt. Je nach Teilnehmeranzahl werden es zwei oder drei Teams. In den Einzeldisziplinen müssen entweder alle Teammitglieder gemeinsam etwas erfüllen oder einen einzelnen Mitarbeiter stellen. Jeder ist wichtig!

Erste Disziplin: Gemeinsames Trinkspiel

Damit die Stimmung lockerer wird, spielen wir zuerst ein Trinkspiel. Auf Mallorca am Ballermann ist natürlich der Sangria-Eimer Kult. Das Team, das den Eimer als Erstes geleert hat, gewinnt. Wer nicht mittrinken will, muss auch nicht. Oder es gibt alternativ einen Eimer mit Limonade.

Zweite Disziplin: Dosenschießen

Das letzte Zeltlager liegt für die meisten schon lange zurück. Doch an das sogenannte *„Dosenschießen"* können sich viele noch erinnern. Eine Bierdose muss es nicht unbedingt sein. Auch mit einer Coladose funktioniert dieses Spiel – schließlich soll ja der Spaßlevel in die Höhe schießen, nicht der Alkoholpegel. Sie benötigen ausreichend Coladosen (0,33 Liter) und einen Kugelschreiber, um etwa einen Zentimeter oberhalb des Dosenbodens ein Loch zu stechen. Dort setzt der Dosenschießer seinen Mund an und öffnet dann die Dose. Durch den Druck schießt der Doseninhalt in wenigen Sekunden in den Mund. Falls etwas daneben geht: im passenden Olympiade-Outfit nicht schlimm. Die meisten Punkte erhält derjenige, der seine Dose als Erster leergetrunken hat. Die weiteren Plätze werden mit absteigenden Punktzahlen belohnt. Wichtig: Jeder ist einmal dran. Niemand darf sich drücken.

Dritte Disziplin: Bobby-Boot-Rennen

Hier ist wieder das Team gefragt. Zuerst muss ein Bobby(-car)-Boot aufgeblasen

Klejbor's
Malle Tour 2013
Tempo
Alka-Seltzer
Alka-Seltzer

Klejbor's
Klejbor's

Klejbor's
Malle Tour 2013

werden. Anschließend bestimmt das Team einen mutigen Bobby-Boot-Skipper. Er wird mit einer lustigen Schwimmbrille ausgestattet und muss im Wettbewerb gegen die anderen Skipper eine Boje im Meer erreichen. Dort angekommen schreit er laut: *„Ich bin ein Klejborianer, holt mich hier raus!“* Schwimmbrille und Bobby-Boot müssen gesund und heil wieder ins Ziel kommen, der Skipper natürlich auch.

Spätestens bei diesem Spiel wird unsere Olympiade zur größten Show am Strand. Passanten beobachten links und rechts die Spiele, viele feuern die Skipper mit an. Eine tolle Atmosphäre mit Gänsehauteffekt!

Vierte Disziplin: Das große Fressen
Nach so viel Anstrengung wählt jedes Team den besten Esser aus. Er darf sich stärken an einem leckeren Potpourri aus landestypischen Spezialitäten, die wir beim Olympia-Einkauf im Supermarkt gefunden haben.

Fünfte Disziplin: Figuren aus Sand bauen
Fünf Minuten Zeit hat jedes Team, um eine Figur im Sand zu bauen. Meerwasser darf als Hilfsmittel benutzt werden. Unsere Lieblingsaufgabe: *„Baut was Erotisches!“* Das regt die Fantasie und Tatkraft der Teilnehmer ungemein an. Juror ist meistens eine Zuschauerin. Ihr fachfrauliches Urteil entscheidet über den Gewinner und die weiteren Platzierungen.

Sechste Disziplin: Kleidungsstücke sammeln
Dieses Spiel können Sie erst im fortgeschrittenen Stadium der Olympiade spielen. Dann werden die faszinierten Zuschauer in der Regel bereit sein, ihre Lieblingssportler zu unterstützen. Die Aufgabe der Teams ist es nämlich, Kleidungsstücke zu sammeln. Für jedes Kleidungsstück erhalten sie Punkte. Für besonders ausgefallene Sammlerstücke wie Krücken oder Toupets gibt es mehr Punkte, für Bikini-Oberteile und Shorts natürlich die meisten. Alle Sammlerstücke werden zu einem Haufen gestapelt. Achtung: Die Haufen sollten rund einen Meter voneinander entfernt liegen, damit nicht versehentlich ein Kleidungsstück den Teamhaufen wechselt. Am Ende gewinnt das Team mit den meisten Punkten.

Bilder links: Auch dieses Jahr wieder ein toller Erfolg: unsere Mallorca-Tour 2013

Sieger der Olympiade ist das Team mit der höchsten Gesamtpunktzahl, aber eigentlich interessiert das keinen mehr, denn der Spaß ist riesig und die Kommunikation mit den Zuschauern lustig, sodass nach ca. 1,5 Stunden die müden Olympioniken verdient in der Sonne entspannen können.

3. Nachbereitung

Wenn es am schönsten ist, ist es schon wieder vorbei. So ergeht es uns jedes Jahr bei der Mallorca-Tour. Um die Stimmung und die Erlebnisse in guter Erinnerung zu behalten und diese positive Energie auch auf andere zu übertragen, führen wir die folgenden Nachhaltigkeitsmaßnahmen durch:

Teamfoto

Ein großes Teamfoto mit den Unterschriften und Kommentaren aller Teilnehmer können Sie an einen zentralen Ort im Unternehmen aufhängen. Bis zur nächsten Tour oder sogar darüber hinaus. Im Laufe der Jahre schauen die Mitarbeiter immer wieder darauf und erinnern sich an die gemeinsamen emotionalen Erlebnisse.

Siegerurkunde

Erstellen Sie Siegerurkunden für jeden Olympioniken bzw. jedes Team, die zum Beispiel beim nächsten Quartals-Meeting überreicht werden.

Fotos veröffentlichen

Entweder Sie persönlich oder Ihr Reiseleiter sollten Tourfotos knipsen. Ziel ist es, mit den Fotos die gesamte Tour nachzuvollziehen. Diese Fotos veröffentlichen Sie erst bei einem gemeinsamen Treffen aller Mitarbeiter, zum Beispiel auf der Sommerparty oder Weihnachtsfeier. Wichtig ist, dass die Beteiligten die Bilder zum allerersten Male sehen. Nur dann kommt noch einmal Euphorie auf.

Foto-USB-Stick

Zu Weihnachten können Sie einen Foto-Stick mit allen Tourfotos für jeden Teilnehmer erstellen und verschenken. Ein sehr persönliches Geschenk.

Nachsatz

Ich kann mir vorstellen, dass Sie uns jetzt für einen verrückten Haufen halten. Ist solch eine verrückte Olympiade nur mit einem jungen Team umsetzbar? Nicht unbedingt. Ich möchte Sie ermutigen, einen ähnlichen Weg zu gehen.

„Wer das tut, was er schon immer getan hat, wird auch nur das bekommen, was er schon immer bekommen hat."

Chinesisches Sprichwort

Dieses Mallorca-Ritual hat sich in unserem Unternehmen über zwanzig Jahre hinweg entwickelt. Wir hatten auch schon Teilnehmerinnen aus der Verwaltung im Alter von deutlich über 50 Jahren dabei. Je nach Persönlichkeit sind einige Mitarbeiter eher zurückhaltend. Dann wählen wir die passenden Spiele aus. Mancher überwindet auch seine Angst oder sein konservatives Verhaltens- und Denkmuster und *„schießt"* dann einfach mal eine Dose. Wir waren ja alle einmal jung. Überraschungen sind also vorprogrammiert. Alternativ können Sie eine Trike-Tour, eine Ortsbesichtigung oder ein sportliches Highlight auf dem Minigolfplatz erleben. Oder denken Sie an lustige Gruppenspiele in gemeinsamer Runde wie *„Man klopft so und nicht so"* oder *„Der Mond ist rund, der Mond ist rund"*. Die Möglichkeiten sind fast unendlich. Sie brauchen Lust auf gemeinsame Freude. Recherchieren Sie einfach, was in unmittelbarer Nähe zu Ihrem Hotel liegt. Als Faustformel dient bei uns der 30-Minuten-Radius. Alles, was wir erleben möchten, muss in maximal 30 Minuten Fahrzeit erreichbar sein. Sehr hilfreich bei der Auswahl der Aktionen ist ein flippiger, kreativer Mitarbeiter, der Sie bei der Organisation unterstützt.

Der **sonnige** Blumengruß

ZEITPUNKT:	*Juli*
ANWENDUNG:	*für eine Auswahl von Mitarbeitern*
ZEITEINSATZ:	*gering*
KOSTEN:	*ca. 2 Euro pro Mitarbeiter*
ERGEBNIS:	*sympathische Wirkung*
EMPFEHLUNG:	*empfehlenswert*

Wenn im Sommer die Sonne scheint, erstrahlen die Sonnenblumen auf den Feldern. Wenn sie einmal gerade nicht scheint, können Sie Ihren Mitarbeitern einen spontanen Sonnenblumengruß schenken. Nicht vergessen: Wenn Sie zehn Sonnenblumen verschenken möchten, brauchen Sie zehn Vasen. Aus diesem Grund benutzen wir kleine Wasserflaschen, zum Beispiel von Apollinaris. Diese sehen auf dem Schreibtisch mit der Sonnenblume sehr schick aus.

Der **grillende** Chef

ZEITPUNKT:	*Juli*
ANWENDUNG:	*für alle Mitarbeiter*
ZEITEINSATZ:	*ca. 2 Stunden für Einladung, Einkauf und Bereitstellung*
KOSTEN:	*ca. 15–25 Euro pro Mitarbeiter*
ERGEBNIS:	*Distanzabbau, geselliges Beisammensein*
EMPFEHLUNG:	*empfehlenswert*

Grillen Sie gerne? Dann können Sie mit diesem Ritual leidenschaftlich motivieren. Laden Sie Ihre Mitarbeiter zu einer Grillparty ein. Bereits bei der Auswahl des Ortes können Sie sehr kreativ sein. Es muss nicht Ihr privater Garten sein. Ein sonniges Plätzchen beim Unternehmen oder vielleicht an einem Badesee in der Umgebung wäre ideal. Je nach Lust, Laune und Budget lassen sich die leckersten Grillarrangements zusammenstellen. Wir arbeiten mit einem Metzger zusammen, der uns mit pikant gewürzten Fleischspezialitäten, frischen Salaten und vegetarischen Grillköstlichkeiten immer wieder überrascht. Eine kleine raffinierte Süßspeise rundet das Essen ab.

Und jetzt kommen Sie als Chef ins Spiel. Sie grillen und bedienen Ihre Mitarbeiter. Alleine schon diese Handlung ermöglicht viele positive Möglichkeiten für Kommunikation. Sie kommen Ihren Mitarbeitern in einer neuen Atmosphäre näher. Gerade kleine Fehler wie eine angebrannte Wurst zeigen, dass Sie als Chef auch nicht perfekt sind. Wenn Sie entspannt damit umgehen, kann sich dies positiv auf den Umgang im Geschäftsalltag auswirken. Was so eine Bratwurst doch erreichen kann! Mehr dazu finden Sie unter dem Ritual der Fehlerfreudigkeit.

Das **Urlaubsrückkehr-** Gespräch

ZEITPUNKT: *August*
ANWENDUNG: *für alle Mitarbeiter*
ZEITEINSATZ: *ca. 15 Minuten*
DURCHFÜHRUNGSZEIT: *ca. 30 Minuten*
KOSTEN: *keine*
ERGEBNIS: *wichtiger Informationsaustausch*
EMPFEHLUNG: *sehr empfehlenswert*

Sommerzeit ist Reisezeit. Sofern Sie noch keine Gesprächskultur in Ihrem Unternehmen aufgebaut haben, ist das Urlaubsrückkehr-Gespräch ein erster wertvoller Schritt. Sie laden Ihren Mitarbeiter möglichst zu Beginn seines ersten Arbeitstags nach dem Urlaub zu diesem Gespräch ein.

Im ersten Teil des Gesprächs geht es nur um seine privaten Erlebnisse. Wie geht es ihm heute? Hat er sich gut erholt? Im zweiten Teil stehen die geschäftlichen Ereignisse während seiner Abwesenheit im Vordergrund: Was lief top, was war ein Flop? Und was können wir daraus lernen und beim nächsten Mal verbessern? Durch dieses Ritual erhalten Sie wichtige Informationen aus dem Leben Ihres Mitarbeiters, Sie erfahren was ihn beschäftigt. Außerdem wird der Mitarbeiter aus erster Hand über die Ereignisse informiert, bevor er mit seinen Kollegen über die Erlebnisse spricht. Ich empfehle eine Gesprächsdauer von 30 Minuten.

Der Pflaumenkuchen-Effekt

ZEITPUNKT: *August*
ANWENDUNG: *für alle Mitarbeiter*
ZEITEINSATZ: *ca. 60 Minuten*
KOSTEN: *unter 10 Euro*
ERGEBNIS: *leckere Überraschung*
EMPFEHLUNG: *empfehlenswert*

Ende August ist Pflaumenzeit. Sofern Sie bislang von Ihren Mitarbeitern nicht als Konditor wahrgenommen wurden, umso besser. Sie glauben gar nicht, welche Wirkung Selbstgebackenes haben kann. Die Pflaumen können Sie selber pflücken oder auch im Supermarkt kaufen. Zahlreiche Pflaumenkuchen-Rezepte finden Sie auf www.chefkoch.de. Und schon geht es los. Falls Sie Kinder haben, laden Sie diese zum Mitbacken ein. Zwei Bleche Pflaumenkuchen gehen fast so schnell wie eines. Mein Tipp für Leckerschmecker: mit Streuseln einen Teil des Kuchens verfeinern. Die Sahne schlagen Sie natürlich auch selbst. Das dauert knapp zwei Minuten, ein Tütchen Vanillezucker macht sie noch leckerer.

Die **Oktoberfest**-Gaudi

ZEITPUNKT: *September*

ANWENDUNG: *für alle Mitarbeiter*

ZEITEINSATZ: *ca. 2 Stunden für Einladung, Einkauf und Bereitstellung*

KOSTEN: *ca. 15 Euro pro Person für Bier, Brezeln und Grillfleisch*

ERGEBNIS: *lustiges Beisammensein*

EMPFEHLUNG: *sehr empfehlenswert*

Jedes Jahr ab der dritten Septemberwoche findet das Oktoberfest in München statt. Holen Sie sich das Wiesn-Flair auch in Ihr Unternehmen. Bei Wiesn-Bier, herzhaften bayerischen Spezialitäten, einfacher Biertischbestuhlung und lustigen Spielchen mit zünftiger Musik ist eine Mordsgaudi vorprogrammiert. Die passende Oktoberfestkleidung haben viele ja bereits im Schrank hängen.

Meine Frau Sabine und ich laden unser Team alle zwei Jahre zum *„O'zapft is!"* ein. Wir tragen natürlich unsere Oktoberfest-Outfits. Sabine kümmert sich um die Getränke: Löwenbräu oder Paulaner aus dem Zapfhahn, alkoholfreier Almdudler und Enzian zum Empfang sind natürlich Pflicht. Ich kümmere mich um das Essen: Holzfällersteak, Weißwürste mit süßem Senf und Brötchen plus Krautsalat. Je nach Mitarbeiterzahl empfehlen wir Ihnen folgende Spiele:

1. Maßkrugstemmen

Jeweils zwei Mitarbeiter treten gegeneinander im K.-o.-System an. Der Verlierer erhält als Trostpreis einen Enzian (es darf natürlich auch etwas anderes sein) und der Gewinner kommt eine Runde weiter. Eine Siegerurkunde für alle

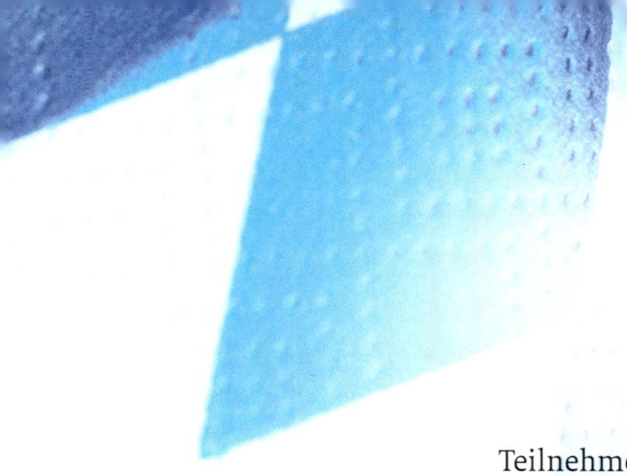

Teilnehmer und ein Sieger-Wanderpokal für den Gewinner und die Gewinnerin (es wäre unfair, wenn Frauen gegen Männer antreten) erinnern immer wieder an Ihre Mitarbeiterveranstaltung. Fassbier und Anlage bekommen Sie beim Getränkehändler geliehen, ebenso die Biertischgarnituren und die Maßkrüge.

2. Jodel-Grand Prix

Bei aufgelockerter Stimmung lassen Sie Ihre Mitarbeiter in zwei Teams einteilen. Oder die Männer treten gegen die Frauen an. Jeder darf ein Lied jodeln, das restliche Team muss den Titel erraten. Verschärfte Regel: Das andere Team muss den Song erkennen. Damit es nicht zu einfach wird, jodeln wir mit Wasser im Mund. Verschlucken oder vergurgeln ist der Garant für tolle Fotos und lustige Momente.

3. Wettnageln

Jeweils zwei Spieler treten gegeneinander an. Jeder versucht, mit so wenigen Hammerschlägen wie möglich einen Zimmermann-Nagel in einem Baumstumpf zu versenken. Falls Sie einen Handwerksbetrieb haben, können Sie mit der spitzen Seite des Hammers schlagen lassen. Hammerprofis müssen mit der *„falschen"* Hand hämmern (Rechtshänder also mit links) oder mit verbundenen Augen. Den Baumstumpf liefert Ihnen der nächste Holzhändler für wenig Geld, Hammer und Nägel finden Sie im Baubedarf.

Oder: Winzerfest

Als Alternative zum Oktoberfest können Sie ein Winzerfest organisieren. Statt des deftigen Grillguts servieren Sie lecker marinierten Fisch vom Grill. Ihr örtlicher Fischhändler stellt Ihnen gerne eine abwechslungsreiche Fischplatte zusammen.

Das **herbstliche** Grünkohlessen

ZEITPUNKT:	*Oktober*
ANWENDUNG:	*für alle Mitarbeiter*
ZEITEINSATZ:	*ca. 2 Stunden fürs Kochen*
KOSTEN:	*ca. 5 Euro pro Person*
ERGEBNIS:	*gesellige Mahlzeit*
EMPFEHLUNG:	*empfehlenswert*

Der Herbst ist gekommen, die Nächte werden länger – jetzt beginnt die Grünkohlsaison. Frischen Grünkohl, schon fertig gezupft, bekommen Sie auf dem Wochenmarkt. Einfach herzhafte Mettwürstchen dazu und mit wenig Aufwand haben Sie als Chef ein typisch herbstliches Mitarbeiteressen gezaubert. Wir haben die Erfahrung gemacht, dass viele unserer jüngeren Mitarbeiter noch nie frischen Grünkohl gegessen haben. Wieder eine kleine Chance für eine emotionale Verbindung. Leben Sie in Küstennähe? Dann bietet sich als Variation ein Muschelessen an.

Der Sankt-Martins-Umzug

ZEITPUNKT:	*November*
ANWENDUNG:	*für alle Mitarbeiter*
ZEITEINSATZ:	*gering*
KOSTEN:	*ca. 5 Euro pro Person*
ERGEBNIS:	*stimmungsvolles Miteinander*
EMPFEHLUNG:	*empfehlenswert*

Sie können am besten einschätzen, ob Ihr Team dieses Ritual als Überraschung empfindet. Jedes Jahr finden überall die Sankt-Martins-Umzüge statt, veranstaltet von Kindergärten und Grundschulen. Besorgen Sie ein paar Laternen mit Stöcken, bereiten Sie Thermoskannen mit Glühwein, Jagertee oder alkoholfreiem Punsch sowie Becher vor und lassen Sie gemeinsam die alten Kindererlebnisse wach werden.

Der jeweilige Kindergarten oder die jeweilige Grundschule werden sich sicherlich über eine finanzielle Spende Ihres Unternehmens freuen. Und so eine ungewöhnliche Idee wird vielleicht auch der lokalen Zeitungsredaktion so gut gefallen, dass sie darüber berichtet. Auf jeden Fall ist das ein schönes Erlebnis, machen Sie unbedingt ein Teamfoto mit Laternen. Sie können den Abend auch mit einem gemeinsamen Martinsgansessen verlängern. Womöglich ist das eine gute Alternative für Ihre Weihnachtsfeier. In der Adventszeit jagt ein Termin den anderen, da könnte eine Vorverlegung der betrieblichen Weihnachtsfeier positiv bei Ihren Mitarbeitern ankommen.

Die eiskalte **Glühweintour**

ZEITPUNKT: *November/Dezember*
ANWENDUNG: *für alle Mitarbeiter*
ZEITEINSATZ: *keine*
KOSTEN: *ca. 10–15 Euro pro Person*
ERGEBNIS: *lustiges Beisammensein*
EMPFEHLUNG: *empfehlenswert*

In der letzten Novemberwoche beginnen die alljährlichen Weihnachtsmärkte. Warum laden Sie Ihre Mitarbeiter nicht einmal spontan zum Glühwein ein? Sie legen die Arbeit drei Stunden eher nieder und läuten den Feierabend am Glühweinstand ein. Gemeinsames Nikolausmützentragen verstärkt noch den Teamgeist. Bitte informieren Sie Ihre Mitarbeiter spätestens einen Tag vorher darüber. Vor allem Frauen wird schnell kalt auf dem Weihnachtsmarkt, wenn sie keine geeignete Kleidung tragen. Sie können auch besser den Transfer hin und zurück planen.

Es kann durchaus sein, dass ein Mitarbeiter auf Sie zukommt und nicht teilnehmen möchte, weil eine dringende private Angelegenheit ansteht. Bereiten Sie sich gedanklich auf diesen Moment vor. Wie immer gibt es ein Für und Wider bei Ihrer Entscheidung. Überlegen Sie sich in Ruhe, was Ihnen als Führungsverantwortlicher wichtig ist.

Der Unternehmens- **Adventskalender**

ZEITPUNKT:	*1. Dezember*
ANWENDUNG:	*für alle Mitarbeiter*
ZEITEINSATZ:	*ca. 15 Minuten für den Einkauf*
KOSTEN:	*ca. 2–5 Euro pro Person*
ERGEBNIS:	*nette Geste*
EMPFEHLUNG:	*empfehlenswert*

Wieder ein Ritual aus unserer Kindheit, das wir reaktivieren. Wir verschenken traditionell zum 1. Dezember einen Klejbor´s-Adventskalender. Dabei haben wir die Erfahrung gemacht, dass es egal ist, ob es ein Kalender für einen Euro oder ein teurer mit Schokolade vom Markenhersteller ist. Es geht um das Ritual. In einem Jahr hatten wir einmal keinen Kalender verschenkt. Wir dachten, das Team würde ihn nicht vermissen. Doch da hatten wir uns getäuscht.

Im Zeitalter von gebrandeten Artikeln aus dem Internet können Sie mit wenig Aufwand und rund 12 Wochen Vorlauf einen eigenen Unternehmens-Adventskalender produzieren lassen. Online wählen Sie Form und Inhalt Ihres Adventskalenders aus. Mit einem einfachen Grafikprogramm können Sie ein Foto mit Text und Firmenlogo versehen. Diese Grafik laden Sie dann hoch und schon geht Ihr Kalender in Produktion.

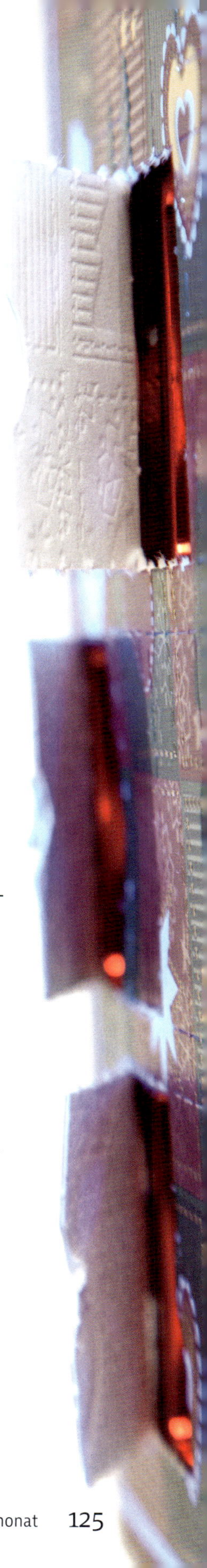

Die Weihnachts**maus**

ZEITPUNKT:	*1. Dezember*
ANWENDUNG:	*für alle Mitarbeiter*
ZEITEINSATZ:	*ca. 30 Minuten für den Einkauf*
KOSTEN:	*ca. 50 Euro, je nach Mitarbeiteranzahl*
ERGEBNIS:	*süße Geste*
EMPFEHLUNG:	*empfehlenswert*

Es muss ja nicht immer ein Nikolaus aus Schokolade sein. Beim Geschenkekauf sind wir auf die Weihnachtsmaus aufmerksam geworden: eine süße Tonfigur mit Nikolausmützchen und Ringelpulli. Die Mäuschen stellen wir mit Teelicht und einem Süßigkeitenteller für alle an den Empfang. Fertig ist die süße Mitarbeiterüberraschung.

Das große Nikolaus-**Wichteln**

ZEITPUNKT:	*6. Dezember oder auf der Weihnachtsfeier*
ANWENDUNG:	*für alle Mitarbeiter*
ZEITEINSATZ:	*ca. 2 Stunden für Einladung, Einkauf und Bereitstellung*
KOSTEN:	*ganz unterschiedlich, je nach Idee und Aufwand*
ERGEBNIS:	*lustige Überraschung*
EMPFEHLUNG:	*empfehlenswert*

Dieses Ritual verknüpfen wir meistens mit unserer Mitarbeiterweihnachtsfeier. Jeder Mitarbeiter kauft für rund 5 Euro ein Geschenk und verpackt es liebevoll. Jetzt sind Sie als Führungskraft gefragt:

Nikolaus-Briefing

Sie schreiben Ihre wichtigsten Erlebnisse mit den Mitarbeitern auf und *„briefen"* den Nikolaus, bevor er zum vereinbarten Zeitpunkt mit seinem dicken Sack anrückt. Der Nikolaus erzählt von ein, zwei Erlebnissen, er lobt die herausragenden Leistungen, hält aber auch Tipps parat, was noch besser werden könnte. Jeder Mitarbeiter macht ein kurzes Fotoshooting auf dem Schoß des Nikolaus und darf sich ein Wichtelgeschenk aus dem Sack nehmen.

Ihr Auftritt als Nikolaus

Alternativ spielen Sie Nikolaus! Selbstverständlich bereiten Sie alle Inhalte und Ihre Nikolaus-Empfehlungen positiv und stimmungsfördernd auf. Für alle weiteren Entwicklungspunkte in der Zusammenarbeit sind schließlich die gemeinsamen Entwicklungsgespräche da. Siehe Ritual Jahreszielgespräch.

Die wunderbare
Glücks-Linsensuppe

ZEITPUNKT:	*31. Dezember um 12 Uhr mittags*
ANWENDUNG:	*für alle Mitarbeiter*
ZEITEINSATZ:	*ca. 1 Stunde für Einkauf und Zubereitung*
KOSTEN:	*ca. 3 Euro pro Person*
ERGEBNIS:	*beglückende Wirkung*
EMPFEHLUNG:	*empfehlenswert*

Ein alte Volksweisheit besagt: *„Wer am Silvestertag um 12 Uhr mittags Linsensuppe isst, hat im kommenden Jahr genug Geld.“* Natürlich ist Gesundheit das Wichtigste, aber ein wenig mehr Geld ist auch nicht zu verachten. Seitdem wir auf diesen Brauch aufmerksam geworden sind, leben wir ihn in Familie und Firma. Wir kaufen einige Dosen Linsensuppe und verfeinern die Suppe mit frisch ausgelassenem Speck, Kartoffelstückchen und Bockwürstchen. Guten Appetit und viel Glück!

Meine Empfehlungen für Ihre Rituale

Liegt es am Linsensuppenritual? Jedenfalls können wir anhand sehr vieler Zahlen, Daten und Fakten die unglaubliche Wirksamkeit der beschriebenen Rituale belegen. Unsere begeisterten Mitarbeiter begeistern unsere Kunden und Gäste, die dann wiederum die Kasse klingeln lassen. Eine ganz einfache und höchst wirksame Formel. Und nicht nur das Unternehmen wächst, sondern auch jeder Einzelne.

Die berühmte Frage, ob Henne oder Ei zuerst da war, kann niemand genau beantworten. Bei den Ritualen der Wertschätzung fällt die Antwort leichter: Zuerst sind Sie als Chef oder Führungskraft gefordert. Sie sollten Ihre Mitarbeiter überraschen und begeistern, dann passieren die weiteren Wechselwirkungen fast ganz automatisch. Ist die Begeisterung einmal entflammt, müssen Sie sie nur noch am Leben erhalten.

Damit Ihnen das Umsetzen der Rituale leichter fällt, gebe ich Ihnen drei Empfehlungen an die Hand:

1. Bewusste Auswahl treffen

Blättern Sie dieses Kapitel noch einmal durch und suchen Sie sich vier bis sechs Rituale der Wertschätzung heraus. Denken Sie immer daran: WIM = Weniger ist mehr. **Besser wenige Lieblingsrituale mit Leidenschaft umsetzen, als viele neue Rituale halbherzig angehen.** Sofern Sie ein Unternehmen mit einer oder zwei Führungsebenen führen, empfehle ich Ihnen ausdrücklich, im ersten Jahr Ihre Führungskräfte zu überraschen. Diese sollten in den Genuss Ihrer Rituale der Wertschätzung kommen und ihre Erfahrungen als Beteiligte sammeln. Denken Sie daran: Sie als Chef agieren als Vorbild. Im Folgejahr können Ihre Führungsmitarbeiter die Rituale dann für ihre Mitarbeiter selbstständig umsetzen. In unserem Unternehmen stimmen wir alle Rituale inklusive Kosten einmal im Jahr bei der Jahreszielplantagung ab. So weiß jeder, woran er ist.

2. Termine und Budgets festlegen

Wann ist der richtige Zeitpunkt im Geschäftsjahr für welches Ritual? Zu welchem Termin hat Ihr Team die jeweilige Wertschätzung wirklich verdient? Was darf welches Ritual kosten? Legen Sie Zeitplan und Budget fest. Beachten Sie dabei bitte den eventuellen *„geldwerten Vorteil“* für Ihre Mitarbeiter. Falls die Lohnsteuerprüfung Ihnen diesen Vorteil nachweist, müssen Sie rund 20 Prozent der Summe nachzahlen. Daher besser direkt mitberücksichtigen.

3. Prinzip der Schriftlichkeit beachten

Nutzen Sie unsere Wegtragliste auf Seite 186. Mit dieser behalten Sie die Übersicht. Tragen Sie sich außerdem die Termine direkt in Ihren Terminer und in Ihr Outlook ein und lassen Sie sich rechtzeitig vorher erinnern. Mein Tipp: Vier Wochen vorher, damit Sie noch genügend Vorlauf für die Vorbereitung und Durchführung des Rituals haben.

Zum Buch bekommen Sie unsere Praxiskarten. Jedes Ritual ist dort mit einer Seite zum Herausreißen enthalten. Einfach Ritual auswählen, Tabelle auf der Vorder- und Rückseite ausfüllen und dann umsetzen oder an einen Mitarbeiter delegieren.

3. Der eigene Weg

Wie Sie Motivation finden,

jeden Tag aufs Neue

Lesezeit für diese Kapitel: ca. 30 Minuten

In diesem Kapitel möchte ich Ihnen einen tieferen Einblick in meine Gedankenwelt geben. Das Thema Motivation beschäftigt mich auch hier. Es lässt meine Frau Sabine und mich seit vielen Jahren nicht los, und ich denke, das wird auch in Zukunft so bleiben.

Ich habe diesen Punkt schon mehrmals angesprochen: Um als Unternehmer oder Führungskraft andere Menschen motivieren zu können, müssen Sie bei Ihrer Motivation beginnen. Hier nun meine Antworten auf die Frage, wie man lernen kann, sich selbst zu motivieren.

Wer motiviert eigentlich den Chef?

„Du kannst nur das in anderen entzünden, was in dir selber brennt."

Heiliger Augustinus

Dieses Zitat hörte ich das erste Mal in einem Vortrag des Motivationstrainers Jörg Löhr. Ich konnte die Aussage sofort bejahen. Nicht nur in guten Zeiten trifft sie zu, also wenn ich selbst von einer neuen Idee total überzeugt und begeistert bin. Auch in schlechten Zeiten sollte man sie beherzigen. Für mich galt das zum Beispiel in einer Lebensphase, in der ich mich selber konditionieren musste, das Positive, das Begeisternde im eigenen Unternehmen zu sehen.

Das war in den Jahren 2003 und 2004. Damals erwirtschafteten wir die schlechtesten Ergebnisse seit unserer Gründung 1998. Wir kamen mit einem Umsatz von rund 2,3 Mio. Euro gerade noch so über die Runden. Natürlich waren Ursachen und Ausreden schnell gefunden. Der heiße Sommer. Die allgemeine Wirtschaftslage. Die Leute sind unsicher und halten ihr Geld fest. Doch im Rückblick weiß ich so sicher wie das Amen in der Kirche, dass ich als Unternehmer und Chef die erste Ursache für das schlechte Ergebnis war.

Ich war ausgebrannt wie Asche im Kamin. Ich konnte keine Energie mehr ausstrahlen, kein Feuer der Leidenschaft mehr entfachen. Die Schuld und die Verantwortung lagen bei mir.

Ich hatte mich selber in diese Lage gebracht:

- Ich konnte nicht Nein sagen.
- Ich fühlte mich für alles verantwortlich.
- Nichts war gut genug für mich. Alles musste fehlerfrei sein.
- Ich wollte alles entscheiden und über alles informiert werden.
- Ich war nie zufrieden. War ein Ziel erreicht, warteten schon drei neue Ziele.

Diese Erfahrung wünsche ich keinem Unternehmer, denn der Ausstieg aus diesem Negativstrudel war sehr anstrengend. So konnte es nicht mehr weitergehen. Ich spürte, dass ich an meinen Glaubenssätzen und an meinen Charaktereigenschaften arbeiten musste. Nicht mal eben in einer Woche Urlaub, sondern im laufenden Geschäft. Denn Veränderungen an der Persönlichkeit dauern.

Wie sehr hatte ich mir damals gewünscht, so eine Art Android zu sein. Einfach nur neue Software in meinen Lebens-Chip laden und schon würde ich anders denken und agieren.

In der Flut von Tipps und Ideen zur Verbesserung meiner unternehmerischen Fähigkeiten wäre ich fast ertrunken. Ein wirklicher Wow-Effekt stellte sich nicht ein. Alles half ein bisschen, aber nirgendwo war der große Wurf in Sicht, mit dem es mir rasch deutlich besser gehen würde. Doch ich blieb dran. Ich konnte ja auch nicht anders, bis mir diese beiden Punkte bewusst wurden:

1. Ich bin selbst für meine Motivation verantwortlich

Es gibt mehr Energie, als ich mir jemals vorstellen kann, aber ich reduziere mich selber. Ich darf das tun, was meinen Träumen und Wünschen entspricht. Mich auf diesen Weg zu begeben, entfacht meine Motivation. Warum ich selbst verantwortlich bin, hatte ich Ihnen bereits geschildert. Die Wahrheit tut weh.

2. Der Preis der Freiheit heißt Verantwortung

Verantwortung in meiner Lage bedeutet, dass ich mich selbst aus meiner Lage befreien kann, wenn ich wirklich bereit dazu bin. In dieser Phase lerne ich, was ein Veränderungsprozess am eigenen Körper bewirken kann. Ich darf meine bisherige normale Welt (meine Komfortzone) verlassen und persönlich wachsen.

Das waren meine Einsichten. Also ließ ich mich von Unternehmensberatern coachen, vorwiegend ging es um organisatorische Hilfen im Arbeitsprozess. Dann arbeitete ich mit Supervisoren, die mich als Mensch ganzheitlich betrachteten und mir Hinweise aus meiner Vergangenheit, Gegenwart und Zukunft gaben. Aber den eigentlichen Schlüsselmoment erlebte ich im Seminar *„Spiritualität im Business"* mit dem Mentaltrainer Ralf Wilms und dem Mönch Shi Lan Bao. Sabine und ich fuhren zu dem Seminar, ohne wirklich zu wissen, was uns erwartete. Wir waren wie Durstige in der Wüste, die nach der rettenden Oase suchten. Unsere Strapazen sollten belohnt werden.

Staunen über die Shaolin

Im Seminar saßen wir mit rund zwölf Teilnehmern zusammen. Alles erfolgreiche Unternehmer und Manager, die *„durstig"* waren auf immaterielle Erfüllung. Die innere Leere konnte nicht länger mit materiellen Gütern gefüllt werden. Der Shaolin-Mönch sprach kein Deutsch und nur wenige Worte Englisch, aber es entwickelte sich eine Kommunikation, für die es keine Worte brauchte. Er zeigte uns einen Film über seinen Alltag aus dem Shaolin-Kloster. Er war als Kampfmönch ausgebildet worden. Morgens machten die kleinsten Schüler *„Kindsübungen"*, etwa einen Handstand auf dem Zeigefinger. Ich war sprachlos. Aber sofort meldete sich mein innerer Kritiker mit misstrauischen Bemerkungen. Anschließend sah ich Shi Lan Baos Meister, der vor einer Wand meditierte. Hinter der Wand flackerte eine Kerze. Der Mönch machte eine Handbewegung und die Kerze erlosch. Ich war wieder sprachlos, meine Skepsis stieg.

Doch dann reichte Shi Lan Bao eine Eisenstange herum, einen Meter lang, fünf Zentimeter breit, einen halben Zentimeter dick. Wir sollten diese prüfen, während er sein Shi mit Meditationen auflud. Ich checkte die Stange mit großer Skepsis. Was würde gleich passieren? Alle Teilnehmer bestätigten, dass es eine starke, sehr stabile Eisenstange war. Der Mönch beendete seine Meditation, nahm sich die Eisenstange und zerschlug sie an seinem Kopf in zwei Teile. Ich war völlig perplex. Was hatte ich da gerade gesehen? Ich wollte meinen Augen nicht trauen. Ich sprang auf, nahm eine Eisenstangenhälfte in die Hand, guckte Shi Lan Bao an, seine Stirn. Nichts. Gar nichts. Keine Rötung. Keine Beule. Als wenn nichts gewesen wäre. Unglaublich!

Und es hat Gong gemacht

Mit dieser Vorführung hatten Ralf Wilms und Shi Lan Bao es geschafft. Ich war *„geknackt"*. Mein Ego war besiegt. Plötzlich durchströmte mich etwas, Tränen schossen in meine Augen. Ich war berührt und gerührt. Mein erster Schritt in eine neue Wahrnehmung. Ein dunkler Fleck in meiner Seele wurde erhellt. Wo früher Skepsis und Misstrauen wohnten, zog jetzt Vertrauen ein. Es gab eine Energiereserve, die ich mir selbst schenken konnte, ständig, zu jeder Zeit.

Ich war bereits lange auf meinem Weiterentwicklungsweg unterwegs gewesen. Nur hatte ich im Außen nach etwas gesucht, das ich nur in meinem Inneren finden konnte. Und so traute ich mich wieder zu träumen.

Dies sind die Fragen, mit denen ich mich damals beschäftigte:

- *Was wünsche ich mir von meinem Leben?*
- *Wie möchte ich gerne leben?*
- *Was bin ich bereit zu geben?*
- *Und was möchte ich dafür erhalten?*

Ich fand meine eigenen Antworten. Antworten, die mir kein anderer Mensch hätte geben können. Ich erkannte, was mich wirklich motiviert. Im geschäftlichen Sinne motivieren mich große, fast unerreichbar erscheinende Ziele enorm. Und ich scheue mich überhaupt nicht, diese Ziele anderen Menschen vorzustellen. Sie sind eine der Motivationsquellen, die ich mir immer wieder selber schenken kann.

Hier drei Beispiele für geschäftliche Ziele:

- Ich wollte all unsere Geschäftsabläufe schriftlich festhalten und diese vom TÜV Rheinland zertifizieren lassen. Was im Automobilbereich als absolut normal galt, war in unserer Branche eigentlich nicht vorstellbar, weil wir mit vielen Aushilfen arbeiten. Weltweit hatte sich bislang kein einziger Discobetreiber zertifizieren lassen.

- Ich wollte den Ludwig-Erhard-Preis gewinnen. Ein Preis, der einmal im Jahr vom amtierenden Bundes-Wirtschaftsminister für herausragende Leistungen in der Business Excellence verliehen wird. Die Preisträger zählen zum Who is Who der deutschen Wirtschaft: BMW, Mercedes, Bosch, Siemens. Eine Disco unter diesen Größen?

- Und ich wollte als Unternehmer sechs Wochen am Stück im Sommer frei zur Verfügung haben. Ob für Urlaub, Lesen oder die Verwirklichung meiner Träume und Vorstellungen.

Genau diese drei Impulse erhielt ich im Seminar UnternehmerEnergie vom SchmidtColleg mit Klaus Kobjoll, das ich im August 2006 besuchte. Er ist Vollblutunternehmer und lebt sein Konzept vor. Das entsprach genau meinen Vorstellungen und spornte mich an. Was er konnte, wollte ich auch können. Ich bin Klaus Kobjoll unendlich dankbar, dass er uns als Mentor zur Verfügung steht und immer wieder seine Erfahrungen mit uns teilt.

Auf unserem Entwicklungsweg gab es natürlich allerlei Skeptiker und Bedenkenträger, die uns belächelten oder sogar für verrückt erklärten. Doch wir ließen uns nicht ablenken und erreichten ein Ziel nach dem anderen.
Heute bin ich darüber sehr glücklich. Denn Sabine und ich arbeiten nicht mehr im, sondern am Unternehmen. Dadurch ermöglichen wir uns selbst, fast ausschließlich die Dinge zu tun, die uns wirklich Freude bereiten, unseren Stärken entsprechen und unser Handeln Tag für Tag verbessern.

Nutzen Sie diese guten Möglichkeiten der Selbst-Motivation.

Wir Mittelständler lernen jeden Tag dazu, aber meistens durch *„learning by doing"*. Die Lernphase während der Schul- und Studienzeit ist längst vergessen. Um den Innovationsanschluss in Sachen Marktwandel und Kundenorientierung nicht zu verpassen, ist das Lesen von Fachmagazinen enorm wichtig. Auch Vorträge und Seminare mit Experten in dem jeweiligen Themengebiet sind hilfreich.

Wenn ich als Unternehmer mal wieder eine Motivationsspritze benötige, besuche ich ein Weiterbildungsevent mit einem oder mehreren Rednern. Anschließend habe ich wieder genug Impulse und die Lust auf eigene Umsetzung für einen längeren Zeitraum.

Ihre Motivation als Chef ist Ihr wichtigstes Kapital

„Weil die Stimmung im Unternehmen die entscheidende Produktivitätskomponente ist!"

Helmut Weyh

Die meisten Deutschen kennen keinen materiellen Mangel. Als Kunde kann ich mir aussuchen, wo ich mein Produkt kaufe, denn das Angebot ist riesig. Früher bestimmte die Produktverfügbarkeit den Preis und den Kundennutzen. Heute ist dank E-Commerce ein Kundennutzen wie *„Lieferung direkt nach Hause"* eine Selbstverständlichkeit. Selbst Lebensmittel kann man heute über das Internet ordern. 24 Stunden am Tag sind Internet-Kaufhäuser wie Amazon geöffnet. Wer hat da noch Lust, einen teuren Parkplatz zu suchen und sich darüber zu ärgern, dass der Verkäufer im Kaufhaus durch Abwesenheit glänzt oder wenig Lust auf Beratung und Verkauf hat? Das lasse ich mir heutzutage als Kunde nicht mehr gefallen. Ich erfülle mir meine Bedürfnisse bei Zalando & Co. zu meiner Wunschtageszeit und einem oftmals günstigeren Preis als im Kaufhaus. Wenn mir ein Artikel nicht gefällt, schicke ich ihn einfach kostenlos wieder zurück. Bezahlen muss ich sowieso erst vierzehn später Tage. Eine herrlich verrückte Welt!

Sie denken, dies gilt nur für den Handel? Im Handwerk sieht es ganz genauso aus. Wenn ich einen Handwerksmeisterbetrieb beauftrage, wird meine Begeisterung nicht mehr durch das fertige Produkt erzeugt. Davon gehe ich als Kunde einfach aus. Deshalb kaufe ich ja beim Meisterbetrieb.

Für mich als Kunde zählen vielmehr Zuverlässigkeit und Kundenorientierung. Der Hauptgrund, warum wir als Privatkunde oder Firmenkunde nicht mehr mit einem Handwerker zusammenarbeiten, ist die fehlende Zuverlässigkeit. Die Einhaltung von Versprechen ist für mich das erste Qualitätsmerkmal.

Versprechen sind für mich:

- Der Handwerker ist telefonisch erreichbar. Sollte er den Anruf nicht annehmen können, kann ich meinen Wunsch auf der Mailbox hinterlassen.
- Ich erhalte innerhalb von ein bis drei Stunden einen Rückruf.
- Alle Termine werden eingehalten.
- Wenn es zu Verzögerungen kommt, erhalte ich als Kunde frühzeitig Bescheid.
- *„Kundenempathie“* wird vom Chef und der ganzen Belegschaft vorgelebt.

Service mit Lust, Liebe und Leidenschaft – den wünsche ich mir als Kunde, wenn ich heute etwas kaufe. Aber die Wirklichkeit sieht sehr häufig anders aus. Es darf noch viel verbessert werden in unserer Wirtschaft.

Ein persönliches Beispiel zum Thema Kundenempathie:

Meine Frau Sabine und ich haben uns kürzlich ein neues Schlafzimmer eingerichtet. Neuer Anstrich, neuer Teppichboden und auch ein neues Bett. Da es zu Verzögerungen bei der Anlieferung des Teppichs kam, bezahlten wir das Bett schon einmal zu 100 Prozent, weil wir den Verkäufer nicht zwei Wochen lang vertrösten wollten. Wir verabredeten eine kurzfristige Lieferung. Bett, Lattenrost, Matratzen und Bettzeug standen ja lieferbereit in seinem Lager. *„Kurzfristig“* ist aber ein sehr dehnbarer Begriff. Als wir am darauffolgenden Montag anriefen und um die Lieferung am nächsten oder übernächsten Tag baten, da das Schlafzimmer jetzt fertig sei, hörten wir nur ein Stöhnen von der Dame am anderen Telefonende. Das sei so schnell nicht möglich, erst in zehn Tagen!

Nach einem zweiten Telefonat mit dem Chef ging es dann doch rascher. Das Bett stellten zwei Mitarbeiter der Firma auf. Ihre Straßenschuhe behielten sie an, trotz des neuen Teppichbodens. So ein wenig Gebrauchsspuren können ja nicht schaden, dachten sie sich wohl. Der Geruch der zuvor noch im Auto gerauchten Zigarette rundete das Erlebnis ab. Da wir das Bett leider reklamieren mussten, da wir auf den Matratzen nicht den entspannenden Schlaf fanden, teilten wir dem Geschäftsinhaber auch diese Punkte als *„Chance zur Verbesserung“* mit, damit er zumindest darüber Bescheid weiß. Wir selber sind auch dankbar, wenn sich unsere Kunden und Gäste die Zeit nehmen, uns solche Erlebnisse mitzuteilen. Nur so können wir unseren Service bewusst verbessern und unsere Mitarbeiter nachschulen. Der Inhaber, Herr Cremer, von Betten Breuer in Eschweiler war sehr offen bezüglich unserer Hinweise und war auch sehr kulant in der Abwicklung unserer Reklamation. Einige Wochen später, bei der Lieferung des neuen Doppelbetts, trugen die Mitarbeiter einen professionellen Schuhschutz und auch alles andere war top! Heute schlafen wir übrigens hervorragend! Darüber freue ich mich als Kunde, und die positive Erfahrung gebe ich auch gerne weiter.

Ich habe Ihnen dieses Beispiel genannt, damit Ihnen bewusst wird, dass mit *„Stimmung im Unternehmen“* nicht gemeint ist, dass jeder Mitarbeiter morgens fröhlich pfeifend zur Arbeit kommt und abends laut singend den Betrieb verlässt. Denn meistens möchten die Mitarbeiter ja auch ihr Bestes geben, doch zeigen sie sich oftmals verwundert, wenn sie auf Kundenwahrnehmung geschult werden sollen. Eine fehlende Wertevermittlung in der Familie und eine fehlende Empathiefähigkeit sind sehr häufig die Ursachen für dieses Unverständnis.

Doch die Welt der Musik bietet hier eine gute Analogie als Orientierungshilfe. So *„klingt“* die Tonleiter für die Stimmung im Unternehmen:

Wie bei einem Orchester müssen sich die Mitarbeiter auf die *„neuen Töne“* einstimmen. Die Kundenempathie sollte erlernt und ständig verbessert werden. Dafür haben Sie keine Zeit? Bei meinen Vorträgen höre ich das Zeitargument häufiger in der Fragerunde. Ich bin überzeugt, dass Sie diese Zeit haben. Sie erledigen momentan nur zu viele andere zeitraubende Aufgaben. Doch wenn Sie eine Differenzierung von Ihren Mitbewerbern anstreben, wenn Sie weiterhin erfolgreich als Mittelständler agieren wollen und wenn Sie Ihre Kunden mögen und ihnen einen wirklich exzellenten Service bieten möchten, dann sollten Sie handeln. Nur durch Sie als Chef wird sich etwas in Ihrem Unternehmen verändern. Sie sollten als Vorbild vorangehen.

ERFOLGSIMPULS

TIG, TAG, TOG

Ein guter Anstoß zur Verbesserung der Stimmung in Ihrem Unternehmen. Ich bekam diesen Tipp von Alexander Munke in einem Vortrag über Führung.

TIG = Tages-Informations-Gespräch

Jeden Morgen, zum Beginn der Arbeit, werden die Mitarbeiter von der Führungskraft informiert. Was gibt es Neues? Hier ist zum Beispiel Platz für den Hinweis, beim Kunden die Schuhe auszuziehen, wenn dieser einen neuen Teppichboden verlegt hat bzw. wenn grundsätzlich die Straßenschuhe im Haus ausgezogen werden.

TAG = Tages-Ablauf-Gespräch

Während der Arbeitstage finden dann ein oder mehrere Tages-Ablauf-Gespräche statt. Was liegt jetzt an? Wer macht was? Welche Herausforderungen, Engpässe, Besonderheiten gibt es?

TOG = Tages-Orientierungs-Gespräch

Zusammenfassung der Tagesergebnisse. Wie waren wir? Können wir mit unserer Leistung zufrieden sein? Haben wir gewonnen, unentschieden gespielt oder verloren?

Jedes Gespräch sollte 90 Sekunden dauern. Wir arbeiten seit vielen Jahren mit Briefings, so nennen wir die Mitarbeiter-Kurzgespräche am Point of Action, also dort, wo der Mitarbeiter arbeitet. Unsere Praxis-Faustformel heißt: Nie mehr als drei Inhalte!

Drei Inhalte kann sich jeder sofort merken. Mehr häufiger nicht. Und beachten Sie, dass bei zwanzig Arbeitstagen im Monat Sie auch zwanzig TIGs, TAGs und TOGs machen. Das bedeutet, bis zu sechzig Kurzinhalte für die Mitarbeiter. Das Interesse wird groß sein und die Stimmung in Ihrem Unternehmen wird sehr positiv beeinflusst. Probieren Sie es aus. Wir erzielen damit tagtäglich hervorragende Ergebnisse in unserer Zusammenarbeit.

Nicht nur Geld motiviert, aber auch

Nehmen wir einmal an, Sie wären ein *„High Potential“*. Also ein Mitarbeiter, dessen Kompetenzen in vielen Topunternehmen gefragt sind. Ihren Arbeitsplatz können Sie sich quasi aussuchen. Nach mehreren Vorstellungsgesprächen stehen nur noch zwei Unternehmen auf Ihrer Wunschliste. Zwischen diesen beiden wollen Sie sich nun entscheiden.

Beide Unternehmen zahlen Ihr Wunschgehalt. Aber das erste Unternehmen zahlt Ihnen zwei Monatsgehälter als Prämie. Im anderen Unternehmen winkt nur ein Monatsgehalt als Belohnung.

Dieser mögliche Arbeitgeber argumentiert aber folgendermaßen: Er könne zwar eine höhere Prämie zahlen, jedoch verwende er dieses Geld lieber für die unternehmenseigenen Rituale der Wertschätzung in der täglichen Zusammenarbeit.

Es werden zum Beispiel Mitarbeiter-Wunschseminare angeboten wie *„Endlich Nichtraucher“*, *„Gesund am Arbeitsplatz“* oder *„Beste Prävention gegen Überforderung in Arbeit und Familienleben“*. Alle Mitarbeiter sind ausdrücklich eingeladen, die Arbeitsprozesse mit zu verbessern. Einmal im Monat kommen alle Mitarbeiter für zwei Stunden zusammen, um über die Ergebnisse des letzten Monats, die aufgelaufenen Jahresergebnisse und die im nächsten Monat anstehenden Dinge zu sprechen. Sie kennen das Wirtschaftsergebnis und die BWA des Unternehmens. Einmal im Jahr werden alle Jahresziele gemeinsam auf einer Jahreszielplanungs-Klausurtagung ausführlich besprochen und schriftlich vereinbart. Die Krankentagebilanz beträgt bereits seit vielen Jahren nur ein Drittel des Branchendurchschnitts in Deutschland. Das Unternehmen ist deutschlandweit führend in seiner Branche und hat bereits zahlreiche Auszeichnungen erhalten.

Für welches Unternehmen würden Sie sich entscheiden? Für jenes, das eine höhere Prämie zahlt? Oder eher das andere, das viel in die Motivation seiner Mitarbeiter investiert? Ich denke, die Wahl wird Ihnen nicht schwerfallen.

Im Team macht Leistung mehr Spaß

Als 13-Jähriger stand ich vor einer ähnlichen Entscheidung. Ich spielte damals begeistert Handball. In meinem Heimatverein SV Neukirchen-Vluyn war ich in der C-Jugend der herausragende Spieler. Ein Teil meiner Spielkraft reichte, um als bester Spieler den Platz zu verlassen. Ich war unterfordert. Also wechselte ich, unterstützt durch meine Mutter, den Verein. Der OSC Rheinhausen galt damals als bester Verein in meiner Heimatregion. Plötzlich erhielt ich nicht nur ein monatliches Honorar, sondern spielte auch um die deutsche Jugendmeisterschaft. Aber plötzlich wurde mir richtig Leistung abverlangt. Nicht nur beim Spiel, sondern auch in den drei Trainingseinheiten pro Woche. Dazu gab es Hausaufgaben: Mindestens zweimal pro Woche musste ich Joggen gehen, damit die Kondition erhalten bleibt. Das Motto unserer Mannschaftskultur hätte heißen können: *„Es zählt nur der Sieg für den Verein!“* Der einzelne Spieler war nur Mittel zum Zweck.

Nach einer Saison hatte ich die Nase voll. Ständige Rivalitäten, Verletzungen durch Mannschaftskollegen sogar beim Training und Leistungsdruck ohne positive Emotionen, trotz sehr guter Bezahlung – das alles entsprach nicht meinen Vorstellungen. Ich wechselte zu Bayer Uerdingen, einem Mitbewerber in der gleichen Gruppe. Hier stand der einzelne Mensch spürbar im Mittelpunkt. Mein Trainer war im Hauptberuf Schulleiter. Er konnte mit uns Jugendlichen sehr gut umgehen. Jeder Einzelne wurde so gefördert, wie er es benötigte. Die Spiele gegen meinen vorherigen Verein waren natürlich immer etwas ganz Besonderes. Im direkten Vergleich hatten die Rheinhäuser zwar die besseren Einzelspieler, aber mein Team war insgesamt besser – vor allem hatten wir viel mehr Freude beim Spielen.

Wahrer Teamgeist ist (fast) unbezahlbar

Gleiches erlebte ich später in unserer Selbstständigkeit. Meiner Frau und mir ist es schon immer sehr wichtig gewesen, dass die Stimmung im Unternehmen gut ist. Der Teamgeist muss spürbar sein für jeden Mitarbeiter, damit sich der Funke der Begeisterung von ihm auf den Kunden bzw. Gast überträgt. Jedoch können auch wir das Geld nur einmal ausgeben. Entweder in höhere Einzelprämien oder in unsere Rituale der Wertschätzung. Von der Weihnachtsfeier über die Sommerparty bis zur Mallorca-Tour oder den vielen anderen Anlässen für Anerkennung und Wertschätzung der Leistungen des einzelnen Mitarbeiters und seines Teams.

Durch diese klare Positionierung als Arbeitgeber erhalten wir Bewerber bzw. Mitarbeiter, die genau in diese Kultur passen. Wem nur der maximale eigene Profit wichtig ist, der ist bei uns falsch. Wir sind ein Team und wollen Teamplayer. Trotzdem trifft auch bei uns des Öfteren die alte Personaler-Weisheit zu:

„Mitarbeiter werden wegen ihrer Fachkompetenz eingestellt und aufgrund ihrer persönlichen Inkompetenz gekündigt."

Die Harmonie im Team ist für uns eines der wichtigsten Kriterien in der Zusammenarbeit. Da wird die Zusammenarbeit mit empathiefreien Mitarbeitern, die ihren persönlichen Erfolg vor den des Teams stellen, fast unmöglich. Daher können wir auch mit Metaphern das Team führen. Mit diesem Beispiel erläutern wir den Vorteil von Teamwork: Ein Fußballstar, der für Millionen von Euros von einem Verein unter Vertrag genommen wird, hat gegen einen FC Bierbauch keine Chance! Selbst drei von diesen talentierten Sportlern hätten gegen die elf Routiniers keinen Erfolg. Wir stellen unseren gemeinsamen Erfolg immer in den Vordergrund. Wir wissen aber auch, dass die Verbesserung eines jeden Einzelnen im Detail dazu führt, dass unser Erfolg als Team *„durch die Decke geht"*.

Jeder Mitarbeiter hat seine ganz eigenen Vorstellungen von Wertschätzung oder Prämien. Der eine möchte statt Geld lieber einen Tag frei haben. Die andere zieht ein gemeinsames Mitarbeitererlebnis einem Wochenende im Mini-Cooper-Cabrio vor. Das ist aber nur der Tortenboden. Die Sahne auf der Torte ist, dass jeder seine Stärken einbringen kann und mit seinen Schwächen akzeptiert wird. Bei uns gilt das Prinzip der Fehlerfreudigkeit. Und die Kirsche auf der Sahne? Eine sehr offene und ehrliche Unternehmenskommunikation. Wir

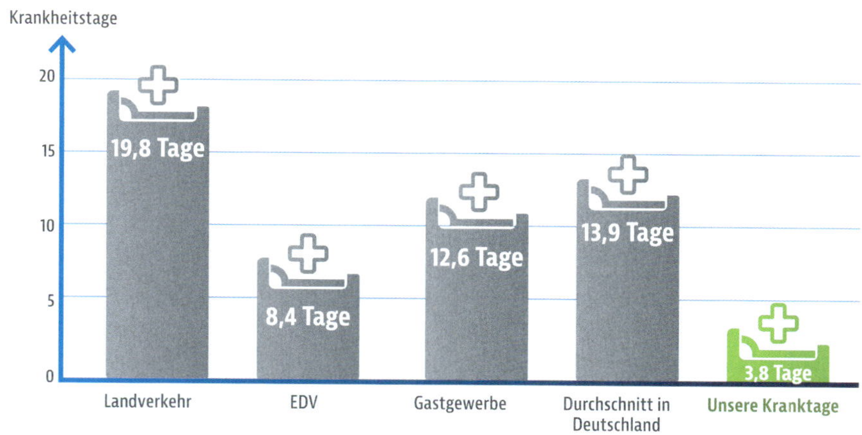

Ein wichtiger Indikator für das Betriebsklima: Krankheitstage pro Mitarbeiter in verschiedenen Branchen 2012/13 (Quelle: Institut der deutschen Wirtschaft, Köln)

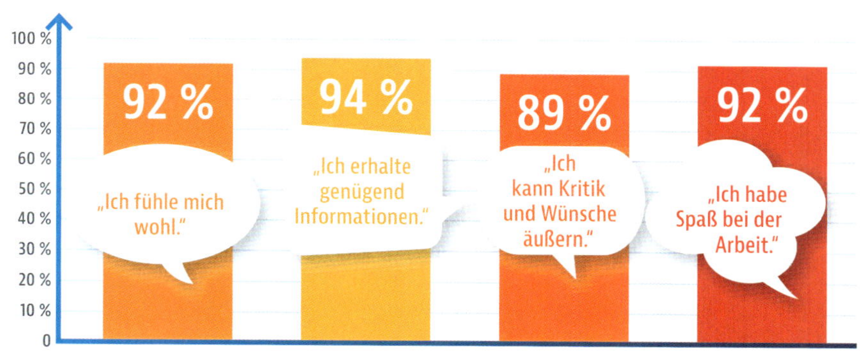

Gesamtergebnis bei unseren anonymen Mitarbeiterbefragungen 2012/13

sprechen alle Wünsche, Bedürfnisse und Wahrnehmungen offen untereinander an. Diese Kultur der Zusammenarbeit bewerten wir täglich mit Noten. Benotet werden die Faktoren *„Spaß bei der Arbeit"*, *„Wie wohl fühlst du dich im Team?"*, *„Kannst du deinen Arbeitsplatz mitgestalten?"* oder *„Erhältst du genaue Informationen?"*. Diese Feedbacks zu den weichen Faktoren in der Zusammenarbeit sind für uns die wichtigste Grundlage in der Mitarbeitermotivation. Die letzte Gehaltserhöhung ist schneller vergessen, als es einem Arbeitgeber lieb ist. Doch die Kultur der Zusammenarbeit ist jeden Tag spürbar. Für Mitarbeiter, aber auch für Kunden, Gäste und Partner.

Freunden Sie sich als Arbeitgeber mit dem Gedanken an, Mitarbeitern ihr jeweiliges Wunschgehalt zu zahlen. Das entspricht einem harten Faktor in der Zusammenarbeit. Aber stellen Sie auch einen Teil der Prämien für die weichen Faktoren der Zusammenarbeit zur Verfügung. Dadurch sorgen Sie für eine sehr positive Atmosphäre des Miteinanders. Diese Motivationsmethode wirkt deutlich stärker als Geld.

Keine Angst vor der Überdosis

Kennen Sie jemanden, der an einer Überdosis Motivation gestorben ist? Ich auch nicht. Im Arbeitsalltag begegnet uns eher das Gegenteil: Wir treffen auf einen Mangel an Motivation. Wenn Sie meine Beobachtungen als Arbeitgeber oder Führungskraft bestätigen können, dann sollten Sie diese Chance für sich bewusst nutzen. Setzen Sie sich folgendes Ziel: Verteilen Sie jede Woche eine Überdosis Motivation!

Sie zögern noch? Sie denken, dass ich Sie zu etwas anstiften möchte, das eventuell ungesund ist? Weil *„Überdosis"* negativ klingt? Nein, das möchte ich nicht. Ich möchte Sie ganz bewusst in die eigene Handlung bringen, und dafür nenne ich Ihnen zwei Gründe:

1. Die Macht der Gewohnheit

Zu Beginn eines jeden Jahres nehmen sich viele Menschen vor, mehr Sport zu treiben. Nicht Sie und ich, aber die anderen, die wir so oberflächlich kennen. Es werden neue Sportsachen gekauft, man meldet sich im Fitnessstudio an und trainiert in der ersten Woche fünfmal. Vielleicht hält man das auch noch in der zweiten Woche durch, aber dann kollidieren die Trainingsabsichten mit dem Geburtstag von Tante Uschi oder dem Wunsch, abends einmal schön einkaufen zu gehen. Aus fünf Trainingseinheiten werden drei, spätestens zwei Monate später sind es nur noch eine bis zwei Einheiten pro Woche. Bezogen auf die Überdosis Motivation bedeutet das, dass Sie sich selber auf Ihr persönliches Motivationspotenzial einstimmen werden. Anfänglich werden Sie inspiriert und begeistert von den neuen Erfolgsimpulsen sein. Aber Motivation ist kein 100-Meter-Sprint, auch kein Marathonlauf, sondern ein Führungsritual, das nicht wegzudenken ist. So wie Einatmen und Ausatmen, Essen und Trinken. Wenn wir Menschen einen dieser vier Inhalte weglassen, sterben wir.

2. Ihr persönliches Motivationspotenzial

Ich möchte, dass Sie Ihr volles Motivationspotenzial ausschöpfen. Das tun Sie am schnellsten, wenn Sie sich nicht selbst auf ein *„verkopftes Ziel"* reduzieren. Die Selbstregulierung tritt automatisch ein, siehe Punkt 1. Ihre Mitarbeiter haben es verdient, mehr anerkannt und wertgeschätzt zu werden, als es vielleicht der Fall war, bevor Sie dieses Buch gelesen haben.

Erinnern Sie sich einmal an Ihre Kindheit, als Sie fünf Jahre alt waren. Kleine Kinder in diesem Alter malen etwas, haben dabei Spaß und Freude, sonst würden sie es nicht tun. Dann zeigen sie ihr Werk voller Stolz herum und kriegen ein dickes Lob von Mama oder Papa. In der Erwachsenensprache nennen wir das *„fishing for compliments"*. Menschen hören gerne Komplimente, in uns lebt heute noch der oder die Kleine von damals.

Dahinter steckt unser Grundbedürfnis nach Anerkennung. Wir möchten beachtet und wahrgenommen werden. Auch unsere Leistung soll wertgeschätzt werden. Bei Robert Betz, einem Experten für Transformation, lernte ich, warum männliche Mitarbeiter sich oft vor ihrem Chef beweisen wollen. Die Ursache: zu wenig Aufmerksamkeit vom eigenen Vater. Als Kleinkinder schauen wir zum Vater, später im Job dann zu unserem Chef auf, wenn er nach unserer Wertvorstellung als Vorbild agiert.

Also machen Sie sich keine Sorgen, dass Sie eine Überdosis Motivation verteilen könnten. Und wenn einer Ihrer Mitarbeiter einen plötzlichen Höhenflug erlebt, also seine Bodenständigkeit verliert, weil er zu oft gelobt wurde, dann haben Sie wieder etwas dazugelernt: Was für den einen zu viel ist, ist für den anderen Menschen gerade richtig oder zu wenig.

Die Frage aller Fragen: Wer bin ich?

Bevor Sie jetzt beginnen, die Rituale der Wertschätzung in Ihren Arbeitsalltag zu übernehmen und danach zu leben, möchte ich einem Teil der Leserschaft noch einen wichtigen Hinweis geben. Und zwar den strukturiert Denkenden, also denjenigen, die mehrheitlich mit der linken Gehirnhälfte arbeiten und stets Schritt für Schritt vorgehen. Ich gehöre auch zu ihnen.

Mein Hinweis: Sie können nichts falsch, aber sehr vieles richtig machen bei den Ritualen. Was Sie tun, sollten Sie mit maximaler Leidenschaft tun. Denn sonst erreichen Sie nicht die Gefühlsebene des anderen. Der andere muss fühlen, dass es Ihnen wichtig ist. Fühlen heißt nicht: hören, denken oder reden – diese drei sind Kopftätigkeiten. Fühlen heißt: spüren. Mit dem Herzen. Dort müssen Sie Ihr Gegenüber berühren.

Um diesen Status zu erreichen, ist es sehr förderlich, dass Sie Ihre Authentizität bewusst leben. Das bedeutet nicht, dass Sie immer so bleiben müssen, wie Sie sind. Es heißt lediglich, dass Sie jetzt so sind. Morgen sind Sie schon wieder ein Stückchen weiter.

Ein paar Anwendungsbeispiele:

Falls Sie keinen Pflaumenkuchen mögen, sollten Sie auch keinen backen. Bei dem Ritual geht es nicht um den Pflaumenkuchen selbst, sondern um die Leidenschaft und die Zeit, die Sie in die Herstellung dieser Köstlichkeit investieren. Der Pflaumenkuchen ist eine persönliche Vorliebe von mir. Ich mag es, diesen am Ende des

Sommers zu backen: das Miteinander in der Familie beim Pflaumenpflücken; der Spaß, wer beim Entkernen den ersten Wurm findet; das sorgsame Belegen, bis alle Pflaumen schön aufgereiht nebeneinander auf dem Blech stehen; das schöne Gefühl in der Handinnenfläche, wenn man sie auf die Pflaumen drückt; der knusprige Teig und der leckere Pflaumensaft, der seitlich herausläuft. Mmmh ...!

Oder die Situation im Mitarbeitergespräch: Schämen Sie sich als Chef nicht, wenn Sie private Hintergründe über Ihren Mitarbeiter noch nicht wissen. Woher auch, wenn Sie bis heute nicht mit Partner-Analyse-Bögen gearbeitet haben? Erst ab dem Zeitpunkt, an dem Sie die jeweilige Information haben, kann man Ihnen daraus einen Vorwurf machen. Ich persönlich habe nicht mehr den Anspruch, alles wissen zu müssen. Heute gebe ich es direkt zu, wenn ich etwas vergessen habe. Und komischerweise quittiert das mein Gegenüber mit Verständnis statt Enttäuschung. Ob es der Name des Kindes ist, die Lieblingsfarbe oder wie der Kaffee getrunken wird. Es fällt mir sehr schwer, mir das alles zu merken. Und das wissen meine Mitarbeiter, seitdem ich ihnen das bei jeder sich bietenden Gelegenheit sage.

„Als Chef bin ich ein Mensch und habe Schwächen! Nur weil ich mehr Mut, Risikobereitschaft und das Unternehmer-Gen besitze, bin ich kein Übermensch."

Marc Klejbor

Durch die Unterschrift als Arbeitgeber unter einen Arbeitsvertrag erhalte ich nicht automatisch mehr Punkte im „Perfekte-Persönlichkeit-Score". Es bedeutet nur, dass ich Verantwortung auch für andere Menschen trage. Ich bleibe weiterhin der Mensch, der ich bin. Beim Lesen ist uns das alles klar. Aber im alltäglichen Dialog gibt es trotzdem noch diese unbewussten Denk- und Verhaltensmuster. Sie lassen sich durch Klarheit lösen, die Zusammenarbeit wird so entscheidend verbessert.

Durch das Beantworten der folgenden Fragen kommen Sie Ihrer eigenen Authentizität einen großen Schritt näher:

Meine drei größten Stärken sind ...

Meine drei größten Schwächen sind ...

Egal, was passiert, das Allerwichtigste für mich ist ...

ERFOLGSIMPULS

Partner und Familie

Alle Rituale der Wertschätzung können Sie selbstverständlich auch in der Partnerschaft und in der eigenen Familie einsetzen.

Ob Sie dem Sohnemann auf dem Weg zur Schule eine kurze SMS mit *„Ich drücke dir die Daumen für die Klausur"* senden, einen schönen Pferde-Sticker auf die Butterbrottüte Ihrer Tochter kleben oder Ihrer Partnerin bzw. Ihrem Partner eine Nachricht in Herzform an den Badezimmerspiegel hängen: Solche Kleinigkeiten machen unser Leben lebenswert.

Ich halte diesen Abschnitt absichtlich sehr kurz und knapp, damit Sie viel Platz und Freiheit zur Entfaltung Ihrer eigenen Kreativität haben. Lediglich einen Tipp zur Umsetzung gebe ich Ihnen. In meiner Monatsanalyse stelle ich mir jedes Mal diese beiden Fragen:

— *Was habe ich im vergangenen Monat für meine Liebsten getan?*
— *Womit überrasche ich meine Liebsten im kommenden Monat?*

Sie müssen gar nichts, Sie dürfen

Dürfen oder müssen? Zwei kleine Wörter, aber ein unglaublicher Unterschied im Empfinden, wenn man seinen Weg der Weiterentwicklung gehen will. Diesen Tipp erhielt ich von unserem langjährigen Supervisor Lothar Hellenthal. Er hilft mir, Entwicklungsphasen deutlich gelassener zu sehen, speziell bei meinen hohen Ansprüchen an mich selbst.

„Ich will, ich kann, ich muss." So lautete das liebenswerte Ritual in meiner Herkunftsfamilie. Meine Mutter wollte mir damit verdeutlichen, dass ich alles im Leben erreichen kann, wenn ich es nur wirklich will. *„Ich will"* bedeutet hier, alles andere als zweitrangig zu betrachten. 100 Prozent Zielorientierung!

„Ich kann" heißt, dass ich an mich glaube. Das Einzige, das mich reduzieren kann, ist mein eigenes Ego. Fordere dich selbst immer wieder, um dich zu verbessern. Lerne aus deinen Niederlagen, dann wirst du auch gewinnen. Und warum *„Ich muss"*? Weil das Leistungsprinzip in unserer Familie kein Wunschkonzert war. Wer A sagt, muss auch B sagen. Wer sich die Turnschuhe bindet und auf dem Platz steht, hat im Kopf keinen Platz für andere Themen. Nur Handball zählt: 100 Prozent Konzentration!

Heute bin ich diesem Muster sehr dankbar. Das war definitiv nicht immer so. In meinen depressiven Phasen verfluchte ich dieses Leistungsmuster, weil ich noch nicht so weit war, auch die andere Seite der Medaille wahrzunehmen. Das Prinzip *„Ich will, ich kann, ich muss"* trainiert das eigene Ego. Und ich habe ein sehr starkes Ego. Doch angesichts der Leere in meinem Herzen, die ab dem Jahr 2001 gefüllt werden wollte, lernte ich dazu. Das Wort *„muss"* wandelte sich in *„darf"*. Ich will, ich kann, ich darf. Klingt vielleicht ähnlich, aber ist für mich eine völlig andere Sicht.

„Ich darf" drückt für mich Freiheit aus. Wenn es mir gut geht, darf ich es tun. Ich muss nicht mehr durch den Schmerz hindurch bzw. die Schublade aufziehen, Gefühle hineinpacken und mit 1.000 Schlössern zusperren.

„Ich darf" besagt auch, dass ich Fehler machen darf. Denn ich bin ein Mensch. *„Ich muss"* keine Fehler machen, war das frühere Gedankenmuster. Keine Fehler = Erfolg. Ein Fehler = Misserfolg. Dieses Ziel zu erreichen fiel mir besonders schwer.

„Ich darf" auch eine Pause einlegen. Ich muss nicht ständig leisten und mir keine Ruhephasen gönnen. Wenn mein Tag mich heute stark in Anspruch nimmt, dann darf ich auch müde sein und dafür sorgen, dass meine Energien wieder aufgeladen werden.

„Ich darf" erfolgreich sein. Ich reduziere mich nicht länger auf meinen materiellen Erfolg, nach dem Motto: Je mehr Geld ich auf dem Konto habe, desto glücklicher bin ich. Das typische Muster für eine materiell orientierte Welt.

Und Sie, lieber Leser, *„dürfen"* bei der Umsetzung der Rituale der Wertschätzung nur das tun, was Sie persönlich hervorragend finden. Und vielleicht haben Sie auch Lust und die Zeit, mir ein paar persönliche Gedanken zu diesem Thema zu senden. Ich würde mich sehr freuen! www.facebook.com/marc.klejbor (Nachricht senden oder einen Post kommentieren).

ERFOLGSIMPULS

Dürfen statt müssen

Bitte überlegen Sie für sich alleine, wie häufig Sie in Ihrem Wortschatz das Wort "müssen" verwenden und an welchen Stellen Sie es gegen das Wort „dürfen" austauschen möchten. Sie werden merken, um wie viel einfacher sich manche Situation anfühlen wird.

Zuallerletzt: Die Pralinen-Methode

Ich habe überlegt, ob ich Ihnen die folgende Erfahrung eher am Anfang oder am Ende des Buches mitteilen sollte. Ich habe mich für diesen Platz entschieden.

Man kann ein Buch männlich oder weiblich lesen. Männlich lesen bedeutet: die Quantität zählt. In einem Rutsch geht es durch das Buch, ohne Unterbrechung. Als Leser habe ich dann das gute Gefühl, alles zu wissen, was in dem Buch steckt. Aber nur das Gefühl! Denn spätestens bei Detailfragen stoße ich an meine Gedächtnisgrenzen. Weiblich lesen bedeutet: Ich halte an den interessanten Textpassagen inne, reflektiere und bilde mir meine Meinung. Ich agiere quasi als gedanklicher Wiederkäuer. Das Lesen dauert länger, doch am Ende spüre ich deutlich mehr Veränderung, zumindest in meinen Gedanken, als vor dem Lesen des Buches. Wenn ich ein Buch lese, agiere ich mal weiblich, mal männlich. Je nach Autor, Thema und Laune. Habe ich Zeit oder eher Zeitdruck? Da ich Bücher nicht nur zum Zeitvertreib, sondern auch für mein persönliches Wachstum lese, habe ich für mich die „Pralinen-Methode" entwickelt: Beim Lesen schreibe ich die wertvollsten Impulse direkt auf. In diesem Buch schenke ich Ihnen dafür einen breiteren Seitenstreifen. Nach dem Lesen wende ich die einzelnen Impulse, sprich: Pralinen, in meinem Arbeitsalltag an. Einen nach dem anderen, wohl überlegt, von der Erstanwendung über die Analyse bis zum Beschluss, an ihm festzuhalten oder ihn zu verwerfen. Meistens passe ich die Praline dann so an, wie Sie mir am besten schmeckt.

Warum rede ich über Pralinen? Für jede Buchseite, jeden Impuls und jede Erfahrung haben Menschen Zeit und Energie investiert, von denen ich profitieren kann. Das wertschätze ich. Genauso esse ich auch Pralinen. Ich verschlinge sie nicht mit einem Haps, sondern ich knabbere an ihnen, erschmecke die Schokoladensorte, genieße die Marzipanfüllung und stelle mir vor, wie der Konditor diese Köstlichkeit erschaffen hat.

Und nun wünsche ich Ihnen viel Freude und Erfolg bei Ihrer Umsetzung der Rituale der Wertschätzung!

Ihr Marc Klejbor

ERFOLGSIMPULS

Umsetzen!

Blättern Sie zurück. Schreiben Sie sich Pralinen direkt auf und setzen Sie diese Schritt für Schritt um. Beachten Sie dabei die 72-Stunden-Formel. Alles, was Sie heute lesen und innerhalb von 72 Stunden umsetzen, wird mit einer Wahrscheinlichkeit von 90 Prozent ein Erfolg. Wenn Sie Ihre ausgewählten Erfolgsimpulse mit Leidenschaft umsetzen, werden die positiven Ergebnisse nicht lange auf sich warten lassen. Das kann ich Ihnen aus eigener Erfahrung garantieren.

4. Unsere Vorlagen

Kopieren oder downloaden

Gehen Sie auf die Website **shop.marc-klejbor.de** und geben Sie den Code **MKEI-RITUALE** ein.

Jahreszielgespräch

Mitarbeiter:	Gesprächsleiter/Führungsmitarbeiter:	
Datum:	Beginn:	
	Ende:	
Was ist dein Beitrag zum Ganzen?		
Wie geht es dir? (Skala „sehr schlecht" = 1 bis „sehr gut" = 10)	Persönlich:	Geschäftlich:

1. Feedback des Mitarbeiters über das vergangene Jahr

Was fand er gut?

Persönlich:

Geschäftlich:

Was denkt der Mitarbeiter, sollte verändert werden?

Womit hatte er richtig Schwierigkeiten? (3 Benennungen)

2. Die Ziele des Mitarbeiters

Was will er in diesem Jahr erreichen?

Persönlich:

Geschäftlich:

Was will er in den nächsten drei Jahren erreichen?

Persönlich:

Geschäftlich:

Was will er in den nächsten fünf Jahren erreichen?

Persönlich:

Geschäftlich:

Was will er in den nächsten sieben Jahren erreichen?

Persönlich:

Geschäftlich:

3. Feedback vom Führungsmitarbeiter über das vergangene Jahr

Feedback zu den o. g. Punkten aus seiner Sichtweise (persönlich):

Feedback zu den o. g. Punkten aus seiner Sichtweise (Führung):

Feedback zu den o. g. Punkten aus seiner Sichtweise (Abteilung):

Gesamtergebnis Mitarbeiter im Unternehmen:

4. Erarbeitung einer neuen gemeinsamen Zielformulierung

5. Die To-dos von jedem werden mit Terminen festgehalten

To-do:	Verantwortlicher:	Prio:	Fälligkeitsdatum:

6. Das Halbjahreszielgespräch findet an diesem Termin statt

Tag, Datum:

7. Weiteres Vorgehen

- Der Führungsmitarbeiter schreibt ein Gesprächsprotokoll (GP) und sendet es zur Korrektur dem Mitarbeiter zu.
- Wenn alles in Ordnung und richtig formuliert ist, unterschreiben beide die neuen Vereinbarungen in dreifacher Ausfertigung (je ein Exemplar für den Mitarbeiter, Führungsmitarbeiter und die Mitarbeiterakte). Eine Kopie des GPs wird an die Unternehmensführung zur Kenntnisnahme gesendet.

8. Unterschriften

Tag, Datum:

Unterschrift Mitarbeiter:

Unterschrift Führungsmitarbeiter:

Halbjahreszielgespräch

Mitarbeiter:	Gesprächsleiter/Führungsmitarbeiter:	
Datum:	Beginn:	
	Ende:	
Was ist dein Beitrag zum Ganzen?		
Wie geht es dir? (Skala „sehr schlecht" = 1 bis „sehr gut" = 10)	Persönlich:	Geschäftlich:

1. Feedback des Mitarbeiters über das vergangene halbe Jahr

Was fand er gut?

Persönlich:

____

____

Geschäftlich:

____

____

Was denkt der Mitarbeiter, sollte verändert werden?

____

____

____

Womit hatte er richtig Schwierigkeiten? (3 Benennungen)?

2. Die Ziele des Mitarbeiters

Was hat er im letzten Halbjahr umgesetzt?

Persönlich:

Geschäftlich:

Was will er im kommenden halben Jahr erreichen?

Persönlich:

Geschäftlich:

3. Feedback vom Führungsmitarbeiter über das vergangene halbe Jahr

Feedback zu den o. g. Punkten aus seiner Sichtweise:

Persönlich:

Feedback zu den o. g. Punkten aus seiner Sichtweise:

Führung:

Feedback zu den o. g. Punkten aus seiner Sichtweise:

Abteilung:

Gesamtergebnis Mitarbeiter im Unternehmen:

4. Erarbeitung einer neuen gemeinsamen Zielformulierung

5. Die To-dos von jedem werden mit Terminen festgehalten

To-do:	Verantwortlicher:	Prio:	Fälligkeitsdatum:

6. Das Jahreszielgespräch findet an diesem Termin statt

Tag, Datum:

7. Weiteres Vorgehen

- Der Führungsmitarbeiter schreibt ein Gesprächsprotokoll (GP) und sendet es zur Korrektur dem Mitarbeiter zu.
- Wenn alles in Ordnung und richtig formuliert ist, unterschreiben beide die neuen Vereinbarungen in dreifacher Ausfertigung (je ein Exemplar für den Mitarbeiter, Führungsmitarbeiter und die Personalakte). Eine Kopie des GPs wird an die UFÜ zur Kenntnisnahme gesendet.

8. Unterschriften

Tag, Datum:

Unterschrift Mitarbeiter:

Unterschrift Führungsmitarbeiter:

Partner-Analyse

Vor -und Nachname:	Datum:
Geburtsdatum:	Straße/Haus-Nr.:
Wohnort:	Telefonnummer:
E-Mail-Adresse:	Mobiltelefonnummer:
Konfession:	Staatsangehörigkeit:
Anzahl der Kinder:	Familienstand:

Wie sind Sie auf unser Unternehmen aufmerksam geworden?

____

Gewünschter Eintrittstermin: ______________________________

1. Ihre Familie

Name und Alter Ihrer Mutter:

____

Welchen Beruf hat Ihre Mutter erlernt bzw. welche Ausbildung hat sie?

____

Welchen Beruf übt sie zurzeit aus?

Name und Alter Ihres Vaters:

Welchen Beruf hat Ihr Vater erlernt bzw. welche Ausbildung hat er?

Welchen Beruf übt er zurzeit aus?

1. Geschwister, Name, Alter und Beruf:

2. Geschwister, Name, Alter und Beruf:

3. Geschwister, Name, Alter und Beruf:

Falls bekannt: Welche Tätigkeiten haben Ihre Großeltern ausgeübt?

2. Ihre schulische bzw. berufliche Vergangenheit

Welchen Schulabschluss haben Sie?

An welcher Schule, in welchem Jahr?

Wie war Ihr Verhältnis zu den Lehrern?

Wie war Ihr Verhältnis zu den Mitschülern?

In welchen Schulfächern waren Sie am besten?

In welchen Schulfächern waren Sie am schwächsten?

Bitte listen Sie lückenlos, stichwortartig Ihre Tätigkeiten mit Zeitangabe (Monat/ Jahr) seit Ihrem Schulabschluss bis heute auf:

---

3. Ihre Vorbildung

Haben Sie persönliche Zusatzqualifikationen?

Klassen- oder Jahrgangsstufensprecher? Aktives Mitglied in einer Partei?

Besuchte Weiterbildungen?

Können Sie fließend Tastschreiben? Wie viele Tasten-Anschläge pro Minute?

Welche PC-Kenntnisse haben Sie?

Wie gut sind Ihre PC-Kenntnisse? (Skala „sehr gut" = 1 bis „reines Schulwissen" = 4)

	1	2	3	4
Outlook				
Excel				
Word				
Power Point				

Welche Sprachen sprechen Sie?

Wie gut? (Skala „sehr gut“ = 1 bis „reines Schulwissen“ = 4)

Sprache	mündlich				schriftlich			
	1	2	3	4	1	2	3	4

Was war Ihr „Wunschberuf“ in der Schulzeit?

Was ist Ihr aktueller „Wunschberuf“?

4. It's you (Teil 1)

Welche Hobbys haben Sie? Wie intensiv? (Zeitangabe Stunden pro Woche)

Welchen Sport treiben Sie? Wie intensiv?

Unterliegen Sie dem Schwerbehindertengesetz oder sind Sie gleichgestellt?

☐ ja ☐ nein

Haben Sie irgendwelche Krankheiten, chronischen Krankheiten oder Allergien?

☐ ja ☐ nein

Wenn ja, welche?

Besteht eine Schwangerschaft? ☐ ja ☐ nein

Sind Sie momentan krank? ☐ ja ☐ nein

Liegt eine genehmigte Kur vor? ☐ ja ☐ nein

Ist bei Ihnen eine Lohn- oder Gehaltspfändung vorgefallen? ☐ ja ☐ nein

Unterliegen Teile Ihres bisherigen Einkommens der Lohnpfändung oder der Lohn- und Gehaltsabtretung? ☐ ja ☐ nein

Wenn ja, wie viel?

Haben Sie schon einmal gegen das Gesetz verstoßen? ☐ ja ☐ nein

Sind Sie vorbestraft? ☐ ja ☐ nein

Wenn ja, weshalb? ______________________________

Seit wann haben Sie einen Führerschein der Klasse B (Ehm. 3)? ______________

Steht Ihnen ein eigenes Auto zur Verfügung? ☐ ja ☐ nein

Sind Sie in einem Verein? ☐ ja ☐ nein

Sie Sie Sympathisant oder Anhänger des Gedankengutes von Scientology/Dianetik? ☐ ja ☐ nein

5. It's you (Teil 2)

Wie würden Sie Ihren Charakter in fünf kurzen Begriffen beschreiben:

____

____

____

Was sind, Ihrer Meinung nach, Ihre größten persönlichen Talente/Ihre Stärken?

____

____

Was sind, Ihrer Meinung nach, Ihre größten Schwächen?

____

____

Haben Sie ein Vorbild?

Wie beurteilen Sie sich zu folgenden Eigenschaften:
(Skala „sehr" = 1 bis „gar nicht" = 6)

	1	2	3	4	5	6
Frühaufsteher						
Fitnesswert						
Teamfähigkeit						
Einfühlungsvermögen						
Verantwortungsbewusstsein						
Belastbarkeit						
Ehrlichkeit						
Zuverlässigkeit						
Pünktlichkeit						

Agieren oder reagieren Sie lieber? ☐ agieren ☐ reagieren

Arbeiten Sie mit einer bestimmten Arbeits- und Planungsmethode?

Welche praktischen und theoretischen Fähigkeiten besitzen Sie und wie bewerten Sie diese (Skala „sehr gut“= 1, „gut“= 2, „befriedigend“= 3)?

	1	2	3
1.)			
2.)			
3.)			
4.)			
5.)			

Bitte geben Sie an, wie Sie sich die Fähigkeiten angeeignet haben und zu welchem Zweck/Grund?

1.)

2.)

3.)

4.)

5.)

6.)

Welche Fähigkeiten und Kenntnisse wünschen Sie sich noch und zu welchem Zweck?

6. It's you (Teil 3)

Welchen Lebenstraum/welche Vision haben Sie?

Wie möchten Sie ihn erreichen?

Wo sehen Sie sich in 14 Jahren?

Warum möchten Sie in unserem Unternehmen arbeiten?

Was interessiert Sie an dieser Arbeitsstelle am meisten?

Was sind Ihre Erwartungen an Ihre Kollegen?

Wie ist Ihre Einstellung zur Teamarbeit?

Wie sind Ihre Arbeitszeitvorstellungen?

Was verdienen Sie momentan brutto im Monat? (ohne Sachbezüge)

____

Wie hoch soll Ihr Einstiegs-Wunschgehalt monatlich sein?

____

Wie lange möchten Sie in unserem Unternehmen tätig sein?

____

Warum sind Sie überzeugt, dass Sie der/die Richtige für die Arbeitsposition sind?

____

Welchen Nutzen und welche Leistung können Sie unserem Unternehmen bieten?

____

Vielen Dank für Ihre Ausführungen!

Interne Vermerke (vom Bewerber nicht auszufüllen)

Das Vorstellungsgespräch wurde geführt von: ______________

Interne Bemerkungen:

____

____

____

____

Ideenblatt

Für den Monat:	Datum:
Absender:	Team:

Folgendes ist mir aufgefallen:

Mein Lösungsvorschlag lautet:

Die Veränderung bringt eine Verbesserung in den Bereichen:
(Skala von „A" = oberste Priorität, „B" = mittlere Priorität, „C" = niedrige Priorität")

	A	B	C
Zeitersparnis			
Kosten-/Geldersparnis			
Erhöhung des persönlichen Wohlbefindens des MAs			
Umweltfreundlichkeit			
Höhere Kundenzufriedenheit			
Bessere Zusammenarbeit			
Sonstiges			

Was kostet die Umsetzung? Kostenschätzung: ca. ______________ €

Diesen Monat hat mir besonders gut gefallen:

____

____

Diesen Monat hat mich gestört:

____

____

Umgesetzt bis: ______________ (Zeitrahmen) von Abteilung: ______________

Diese Umsetzung erfolgt nicht, weil: ______________

Mit MA besprochen am: ______________ MA Unterschrift: ______________

☐ Idee des Monats ☐ 100 % erledigt

Rituale im Jahr

Vereinbarung zu den Ritualen

Die Rituale der Wertschätzung haben wir heute ausreichend besprochen, gemeinsam beschlossen und vereinbart.

Wir möchten mit den Ritualen die folgenden Ziele erreichen:

1. Unsere Mitarbeiter sollen spüren, dass ihre Arbeitsleistung für uns sehr wichtig ist!
2. Unsere Mitarbeiter sollen spüren, dass wir ihre Arbeitsleistung wirklich wertschätzen!

Tag, Datum ______________________

Unterschrift aller Führungsmitarbeiter

Kontinuierlicher Verbesserungsprozess (KVP)

In der Folgewoche nach der Durchführung des Rituals holt der Verantwortliche von den Mitarbeitern folgendes Feedback ein:

1. Wie fanden die Mitarbeiter dieses Ritual?

____

2. Sollten wir das wiederholen? ☐ ja ☐ nein

3. Gibt es Ideen zur Verbesserung?

____

Dieses Feedback ist sehr wertvoll und fließt als Erfahrung in die Durchführung der kommenden Rituale mit ein.

Unsere Rituale der Wertschätzung im Jahr ....

NR.	ZEITPUNKT	MASSNAHME	VERANT-WORTUNG	BUDGET	KVP*
01.	Januar	**Unser neues Jahresmotto**	MK	**100 €** *für Aufkleber und Postkarten*	
02.	März	**Der Osterhasi kommt**	MK	**50 €** *Ü-Ei für jeden Mitarbeiter* *Osterhasi für jedes Mitarbeiterkind*	
03.	September	**O'zapft is ...** *Gemeinsames Oktoberfest bei uns zu Hause im Garten. Chef grillt und Chefin sorgt für die Getränke.* *In diesem Jahr nur die Mitarbeiter, ohne Partner.*	MK+SK	**250 €** *Bier* *Enzian* *Grillfleisch* *Salate* *Brezel* *mit Spielen*	
04.	November	**Weihnachtsfeier** *Diesmal außerhalb der Adventszeit, am dritten Sonntag im November. Zuerst Besuch des Weihnachtsmarktes und anschließend Martinsgans-Essen im Restaurant ...*	MK+SK	**50 € pro Person** *jeder muss ein Wichtelgeschenk im Wert von 5 € mitbringen* *der Nikolaus kommt zum Glühweinstand*	
05.	Dezember	**Dankeschön zum 31. 12.** *Alternativ:* *Wenn Oktoberfest und Weihnachtsfeier positiv verliefen, dann Linsensuppen-Essen am 31.12. um 12:00 Uhr mittags bei ...*	MK+SK	**10 € pro Mitarbeiter** *eine Kleinigkeit, die per Post am Silvestermorgen zu Hause beim Mitarbeiter zugestellt wird. Mit einem Dankeschön für die gute Zusammenarbeit.*	

**KVP = Kontinuierlicher Verbesserungsprozess, siehe Vorlage links. Hier tragen Sie das Feedback der Mitarbeiter zum Ritual ein.*

Wegtragliste

NR.	DEIN WEGTRAG	NUTZEN FÜR	PRIORITÄT (A-B-C)*	WER?	BIS WANN?

PLATZ FÜR EINE SKIZZE

**A = wichtig und dringend*   *B = wichtig, jedoch nicht dringend*   *C = bei Gelegenheit*

Über den Autor

Marc Klejbor ist Unternehmer, Lehrbeauftragter an der FH Würzburg-Schweinfurt und Vortragsredner. 1971 wird er in Moers geboren. Durch seine Eltern, beide Polizeibeamte und erfolgreiche Handballspieler, entdeckt er früh seine Leidenschaft für den Ballsport. Mit 13 Jahren (C-Jugend) spielt er zum ersten Mal in der Handball-Nationalmannschaft. Als 18-Jähriger startet er mit TuSEM Essen in der Bundesliga. 1990 macht er sein Fachabitur und beginnt eine Polizeiausbildung. Rückenverletzungen, die er sich beim Handball zuzog, zwingen ihn jedoch zum Abbruch von Sportkarriere und Polizeidienst. Das daraufhin begonnene Wirtschaftsstudium füllt ihn nicht aus, er will sich als Unternehmer beweisen. In dieser Zeit lernt er seine spätere Frau Sabine kennen. Die beiden eröffnen 1992 ein Sonnenstudio und führen gleichzeitig die Geschäfte der Diskothek von Sabines Vater. Den großen Wunsch, eine eigene Disco zu betreiben, erfüllen sie sich 1998 mit der Klejbor's Entertainment Factory in Eschweiler/Kreis Aachen. Marc und Sabine Klejbor leben mit ihren Kindern Phil und Alina sowie Hund Jack in Langerwehe, Voreifel.

Über MK Erfolgsimpulse

Menschen glückliche Momente schenken und wirksame Impulse für nachhaltige Erfolge geben – das ist die Vision der Marc Klejbor Erfolgsimpulse GmbH. Durch begeisternde Vorträge, Seminare und Veröffentlichungen gibt Marc Klejbor geballtes Praxiswissen und wertvolle Erfahrungen an andere Unternehmer und Führungskräfte weiter. Weitere Informationen sowie Buchung und Kontakt unter **www.marc-klejbor.de** oder **www.facebook.com/marc.klejbor**

MK
MARC KLEJBOR
ERFOLGSIMPULSE

Über das SchmidtColleg

Das SchmidtColleg mit Sitz in Berlin hat sich als eines der führenden Weiterbildungsinstitute für den Mittelstand etabliert. 1985 gründete Josef Schmidt das Unternehmen, 2002 übernahm Dr. Dr. Cay von Fournier die Leitung. Jedes Jahr nehmen Tausende von Unternehmern und Mitarbeitern an den Seminaren und Trainings teil. Mehr über das ganzheitliche Führungssystem „UnternehmerEnergie" mit seinen praxiserprobten Werkzeugen und weitere Angebote erfahren Sie unter **www.schmidtcolleg.de**

Wir sagen „DANKE"

Mein erstes Buch ist nun fertig. Ich möchte allen Menschen danken, die meiner Frau Sabine und mir sehr gute Begleiter, Berater und Impulsgeber waren und sind. Ohne diese Menschen wäre unsere Erfahrung nicht entstanden und hielten Sie dieses Buch nicht in Händen.

Wir bedanken uns bei ...

Marlies & Günter Klejbor, **Werner & Christel Nattler,** *unseren Eltern*	Die uns das Leben und eine glückliche Kindheit schenkten. Die immer das Beste für uns beabsichtigten und unsere eigene Selbstverwirklichung ermöglichten und förderten. Ohne Euch wäre das alles nicht möglich geworden.
Phil und Alina, *unseren Kinder* *(und Jack)*	Die samstags die gemeinsamen Familiengespräche führten und die Wowlie-Listen erprobten. Und uns aktuell an unsere eigene Pubertät liebevoll erinnern. Danke auch an unseren Goldendoodle Jack, der ein wertvolles Bindeglied in unserer Familie ist.
Dr. Jochen Bürger, *unserem Mentor* *seit 1997*	Der uns in vielen dunklen Stunden des Unternehmertums mit seinen Lebenserfahrungen Optimismus, Mut und Selbstbestätigung gegeben hat. Und der mir tagtäglich vorlebt, dass ein Unternehmer durch Querdenken und Offenheit auch im hohen Alter ein unglaubliches Vorbild sein kann.
Gerhard Eisenhauer, *unserem Steuerberater,* *Verpächter und Mentor* *seit 1998*	Für das Verständnis und die Ruhe, die unzähligen Fragen zur Unternehmensführung aus steuer- und finanzpolitischer Sicht zu erläutern, sowie für das Vertrauen und die Unterstützung, damit wir unsere wirtschaftlichen Träume wahr werden lassen konnten.
Barbara Stolzenfeld, *unserer ersten Supervisorin*	Die uns ab 2001 wertvolle geschäftliche und auch sehr viele private Impulse und Lebenserfahrungen schenkte.
Lothar Hellenthal, *unserem Supervisor*	Der uns in depressiven und herausfordernden Phasen den Weg zurück ins Bewusstsein ermöglichte.
Klaus Kobjoll, *unserem Mentor* *seit 2006*	Klaus ist für mich das Unternehmervorbild! Seine Bereitschaft, seine wertvollen Lebenserfahrungen an uns weiterzugeben, ermöglichte uns erst unsere Weiterentwicklung. Ohne ihn hätten wir den Weg zur Business Excellence vermutlich nicht gefunden und würden heute nicht so erfolgreich sein.
Karin Dircks, *unserer PR-Beraterin*	Für die philosophischen, tiefgründigen und humorvollen Telefonate. Ich wünsche uns, dass wir davon noch unzählige erleben.

Ralph Wilms & Shi Lan Bao, *ZfU Zürich*	Die mir in einem wunderbaren Seminar meine „mentale Ritterrüstung“ bewusst machten und mich dadurch erst für höhere Energien öffneten.
Lydia Stock, *unserer Aufstellerin*	Die mir die zeigte, wie meine heutigen Handlungen mit meiner jüngsten Kindheit verbunden sind, und half, diese Verknüpfungen liebevoll zu lösen.
Iris Schmitz, *unserer Heilpraktikerin*	Die uns durch die klassische Homöopathie erstmalig aufzeigte, dass es unterschiedliche Wege zur Gesundheit gibt. Und die uns Robert Betz und seine Hör-CDs vorstellte.
Petra Rosarius, *unserer „Lieblingsnachbarin“*	Die uns das Buch „The Big Five for Life“ von John Strelecky schenkte, mit dem wir deutlicher unseren Weg fanden.
Dr. Petra Begemann, *Buch-Profi*	Die mir in einer wichtigen Entscheidungsphase ihre Lebenserfahrungen mitteilte, woraufhin ich mich zum Selberschreiben entschloss.
Verena Lorenz, *unserer Art Directorin*	Die mit viel Geduld und Empathie die Realisation dieses Buches unterstützte und mit ihrer Erfahrung dafür sorgte, dass es in dieser hochwertigen Form erscheint.
Torsten Schölzel, *unserem Texter*	Ein Engel in Person von Verena Lorenz hat ihn mir empfohlen. Er rundet meine Sätze ab und optimiert damit meinen Schreibstil, sodass mir das Schreiben noch mehr Freude macht.
Anna Singer, *unserer Rechtschreiblektorin*	Die zuverlässig jeden Fehler fand und korrigierte. Ich wünschte, ich hätte sie schon in meiner Schulzeit gehabt.
Michael Zargarinejad, Thomas Hinz & Gerda Günther *unserem Foto-Team*	Die durch ihre Fotos und die Lithografie unser Buch samt Praxiskarten abwechslungsreich und anschaulich machten.
allen aktuellen und ehemaligen Klejborianern	Die mit uns gemeinsam die teilweise „sehr verrückten“ Ziele verwirklichen: ob in der Vergangenheit, heute oder in der Zukunft. Ihr seid der wahre Schatz und wir sind nur diejenigen, die unsere Erlebnisse kommunizieren, um anderen einen Nutzen zu schenken.

PLATZ FÜR IHRE NOTIZEN

PLATZ FÜR IHRE NOTIZEN

Bibliografische Information der Deutschen Nationalbibliothek

Die Deutsche Nationalbibliothek verzeichnet diese Publikation in der Deutschen Nationalbibliografie; detaillierte bibliografische Daten sind im Internet über http://dnb.d-nb.de abrufbar.

ISBN: 978-3-944557-01-4

Bildnachweise:
S. 15, S. 39, S. 77 (Crew-News Bild unten), S. 91, S. 112, S. 153, S. 189 Marc Klejbor — S. 18, S. 50, S. 51, S. 59, S. 60, S. 61, S. 66, S. 67, S. 68, S. 69, S. 70, S. 72, S. 73, S. 74, S. 75, S. 76, S. 78, S. 77 (Blitz), S. 88, S. 89, S. 79, S. 90, S. 92, S. 93, S. 94, S. 95, S. 96, S. 97, S. 98, S. 99, S. 100, S. 102, S. 103, S. 104, S. 105, S. 106, S. 107, S. 116, S. 117, S. 118, S. 119, S. 120, S. 122, S. 123, S. 124, S. 125, S. 127, S. 128 Michael Zargarinejad — S. 22, S. 35, S. 55, S. 56, S. 71, S. 84 , S. 91 Thomas Hinz — S. 77 (Crew-News Bild oben) und alle WOWlies Sebastian Bernhardt — S. 63 Stauke - Fotolia.com — S. 101 weseetheworld-Fotolia.com — S. 126 B.Piereck (Fotolia.com) — S, 156 anyaberkut (Fotolia.com) — S. 158 stockcreations (Fotolia.com) — S. 189 tpx (Fotolia.com)
Unsere WOWlies sind eine Bild- und Wortmarke. Markenrechtlich geschützt unter der Nr. 001243596 in der Europäischen Union. Markeninhaber ist Marc Klejbor.

Umschlag: Verena Lorenz, München
Satz und Layout: Verena Lorenz, München
Lithografie: Gerda Günther (posi.tiff media GmbH), Gelnhausen
Texte: Marc Klejbor
Redaktionelle Mitarbeit: Torsten Schölzel, Frankfurt
Lektorat: Anna Singer, München